Go 语言
定制指南

柴树杉 史斌 丁尔男／著

人民邮电出版社

北京

图书在版编目（CIP）数据

Go语言定制指南 / 柴树杉，史斌，丁尔男著. -- 北京：人民邮电出版社，2022.4（2023.11重印）
ISBN 978-7-115-58441-0

Ⅰ. ①G… Ⅱ. ①柴… ②史… ③丁… Ⅲ. ①程序语言－程序设计 Ⅳ. ①TP312

中国版本图书馆CIP数据核字(2021)第273316号

内 容 提 要

Go 语言语法树是 Go 语言源文件的另一种语义等价的表现形式，Go 语言自带的 go fmt 和 go doc 等命令都是建立在 Go 语言语法树基础之上的分析工具。本书从 Go 语言语法树出发，重新审视 Go 语言源文件，阐述定制 Go 语言的核心技术。书中通过对 go/ast、go/ssa 等包的分析，一步步深入 Go 语言核心，最后简要介绍 LLVM，读者可以结合 LLVM 和 Go 语言语法树按需定制，创造一个语法与 Go 语言语法类似的简单的编程语言及与其对应的编译器，达到掌握自制编程语言和编译器的目的。

本书面向已经熟练掌握 Go 语言并在进行项目开发的程序员，也适合想深入了解 Go 语言底层运行机制的程序员阅读，同时可作为对编程语言/编译器有兴趣并想进行实际项目实践的程序员的参考书。

◆ 著　　柴树杉　史斌　丁尔男
　　责任编辑　刘雅思
　　责任印制　王　郁　胡　南

◆ 人民邮电出版社出版发行　北京市丰台区成寿寺路 11 号
　　邮编　100164　电子邮件　315@ptpress.com.cn
　　网址　https://www.ptpress.com.cn
　　北京科印技术咨询服务有限公司数码印刷分部印刷

◆ 开本：800×1000　1/16
　　印张：13.75　　　　　　　　　2022 年 4 月第 1 版
　　字数：193 千字　　　　　　　2023 年 11 月北京第 5 次印刷

定价：79.90 元

读者服务热线：(010)81055410　印装质量热线：(010)81055316
反盗版热线：(010)81055315
广告经营许可证：京东市监广登字 20170147 号

序一

The official "go/*" packages are important components of the Go programming language's tools for analyzing Go programs. They are a core part of programs like gofmt and go vet. Understanding these packages not only improves a gopher's programming skills, but can lead to building embedded scripts based on these packages.

Both Shushan Chai (chai2010@github) and Ben Shi (benshi001@github) are Go contributors, who have made many good commits to Go's master branch.

This book authored by them introduces the functionalities and also analyzes the implementation of the "go/*" packages.

I recommend that Chinese gophers read it and benefit from the content. What's more, I hope more Chinese gophers will make contributions to Go after reading it.

官方提供的"go/*"包是Go语言的重要组件,主要用于解析Go程序,同时是gofmt和go vet的核心。理解这些包不仅能让Go语言程序员提升编程技能,还能帮助他们基于这些包构建自己的嵌入式脚本。

柴树杉和史斌是Go语言的代码贡献者,他们都为Go语言贡献了高质量的代码,并融入了Go的主干分支。

他们创作的这本书介绍了"go/*"包的功能并分析了它的实现。

我向中国的Go语言开发者推荐这本书,希望你们能从这本书中获益,更希望你们读过这本书之后能为Go语言贡献精彩的代码。

(Ian Lance Taylor)

Go核心开发者,GCC核心开发者,gccgo作者

序二

我是领域特定语言（domain specific language，DSL）的推崇者，也开发过好几种领域语言甚至通用语言，其中包括文档生成语言（类似于 Doxygen）、服务描述语言（SDL）（类似于微软的 IDL）、Q 语言（通用脚本语言，主要用于与 Go 语言便捷交互）、文本处理语言（TPL）、二进制处理语言（BPL）、Go+语言（与 Go 语言兼容的通用静态语言，主要用于数据科学领域）。

多数开发者可能觉得创建一门编程语言离自己很遥远。但是，从泛化的角度来说，领域特定语言就在每个开发者的身边。我的第一份工作是在金山软件做文字处理、电子表格、演示三套件。其实我认为它们也是领域特定语言，Word+VBA 与 HTML+JavaScript 并没有本质上的不同。而我们程序员使用得很多的 Markdown 同样是一种领域特定语言。

我们需要领域特定语言。软件的开放性往往是由领域特定语言承载的。我们需要创建新的领域特定语言，新的领域特定语言极有可能就是新的生产力。例如，人们需不需要新的动画生成语言呢？非常需要。创建这样的领域特定语言需要有很强的领域知识。一旦这些领域知识被领域特定语言固化，就会成为极强大的生产力工具。

那么，你是否想基于 Go 语言创建新的领域特定语言呢？本书将带你进入语言创建之旅，你可以从中寻找自己的答案。

许式伟

上海七牛信息技术有限公司首席执行官

序三

在武侠小说中，"天下武功出少林"，少林寺的"七十二绝技"名扬天下。但是真正能学会并掌握七十二绝技的人屈指可数，主要原因是学习周期太长。以七十二绝技中的"一指禅"为例，据说五代时期的法慧禅师花费 36 年学成，排名第一；南宋的灵兴禅师花费 39 年学成，排名第二；而韦爵爷的澄观师侄花费 42 年学成，排名第三。如果一项绝技真的需要几十年甚至上百年的时间才能掌握，那么只能说明这项绝技没有实用价值，或者学习它的人没有掌握科学的学习方法。

其实少林寺的七十二绝技是有科学、高效的学习方法的，这个方法由《天龙八部》中的鸠摩智发现并实践。鸠摩智经过研究发现，少林寺的七十二绝技招式虽然厉害，但是其内部的"驱动引擎"性能极低（预热就需要几十年时间），而稍微强一点儿的"易筋经引擎"又涉及知识产权问题不对外开放授权，因此，如何为七十二绝技定制一个合适的"内功"驱动引擎就成了一个关键问题。经过不懈努力，鸠摩智终于发现可以将"逍遥派"的"小无相功"作为驱动七十二绝技的内功引擎，从而开辟了一条武学"弯道超车"的新捷径。

在软件开发领域同样存在几个"圣地"——数据库、操作系统和编译器，其中编译器的开发技术被称为软件开发的"屠龙之技"，号称"龙书"的《编译原理》的封面正是一个骑士在和巨龙搏斗的画面。

编译器开发的相关理论类似于武侠小说中的"内功心法"，编译器界面的编程语言类似于少林寺的七十二绝技：二者都名扬天下，但学习周期太长，真正能够熟练掌握的人屈指可数。普通程序员以传统方式从头发明或实现一整套实用的编程语言难于登天：不仅要学习涉及诸多编译方面的理论，还要通过大量的编码工作解决各种细节问题。自制编程语言爱好者不只是想要掌握"龙书"的理论，更想要有一门自己可控的编程语言，因此我们同样需要寻找一条自制编程语言的捷径。

  Go 语言作为一门将自身的编译器内置到标准库的主流通用编译型编程语言，其与语法树相关的包的设计与实现堪称编程艺术和编译理论相结合的典范，是"Unix 之父"等老一辈软件工程师毕生的艺术结晶。Go 语言的语法比较简单（只有 25 个关键字），非常适合作为自制编程语言的基础参考语言。开源社区已经从 Go 语言语法树发展出了诸多扩展语言：GopherJS 项目将 Go 语言带入了前端开发领域，TinyGo 则将 Go 语言带入了单片机等微系统的开发领域，国内的七牛公司针对数据科学领域定制了 Go+语言。这些基于 Go 语言的定制语言的一个共通之处就是都基于 Go 语言语法树进行再加工处理。因此，只要能熟练掌握 Go 语言语法树的使用方法，就能跨过繁杂的词法分析、语法分析等步骤，直接使用"龙书"中的高深理论，进入语言特性定制领域。这将极大地降低自定义编程语言的门槛。

  为了真正开启自制编程语言的旅程，同时让 Go 语言语法树真正落地产生生产力，本书最后引入了我们定制的凹（读音"wā"）语言。凹语言的定制过程类似于自己组装一台计算机，在语言能够独立工作前并不自己创造新的核心模块，而是基于已有的软件模块进行改造和拼装，最终得到的依然是自主可控的语言。在语言可以初步工作之后，可以进一步根据需求优化局部细节或者对语言的语法做局部的重新设计，这样语言的每个阶段的实现难度都不会很大。我们的目标不只是制造一门"玩具语言"——凹语言的语法树解析和语义分析都是工业级的，如果我们可以在后端接入 LLVM，就很容易将其进一步改造为实用的编程语言。

  随着计算机的普及，我国程序员已经在追赶并紧跟世界前沿技术的发展。但是，目前与最古老的编程语言/编译相关的技术图书还停留在讲述几十年前的理论或者讲述如何构建一些缺乏实用价值的玩具语言阶段，理论和实践严重脱节。与经典著作"龙书"相比，"龙书"深刻地讲解了编译技术用到的理论知识；而本书立足于理论与实践的结合，教授读者利用现成的工具，快速创建一门实用的编程语言。希望本书可以为我国编程语言和编译器的自主化提供力所能及的帮助。

最后，希望各位读者能够定制自己的编程语言，并使用定制的语言快乐地编程。

柴树杉

蚂蚁集团高级软件技术专家

前言

Go 语言最初由谷歌公司的罗伯特·格瑞史莫（Robert Griesemer）、肯·汤普森（Ken Thompson）和罗勃·派克（Rob Pike）这 3 位"大师"于 2007 年设计发明，目标是打造互联网和"多核时代"的 C 语言。正如 C 语言开创了"Unix 时代"一样，Go 语言通过 Docker 和 Kubernetes 等知名项目开创了"云计算时代"，目前已经成为云计算从业者必须掌握的编程语言。

随着 Go 语言在国内的普及，它已经不仅仅是一个普通的编程工具——许多国内前沿的互联网公司已经开始尝试通过定制 Go 语言运行时库和编译器工具链的方式来改进和完善这个工具。本书尝试以条分缕析的方式，从 Go 语言语法树开始，重新组装、定制一门属于自己的语言，从而开启自制编程语言之旅。

我们的目标不是制造一门玩具语言，Go 语言的语法树解析和语义分析都是工业级的，后端再接入 LLVM 就很容易将其改造为实用的工程语言。Go 编译器本身是一个大而复杂的应用程序，其语法树相关包的设计与实现堪称编程艺术和编译理论相结合的典范，是"Unix 之父"等老一辈软件工程师毕生的艺术结晶，也非常值得我们深入分析、研究。

研究 Go 语言语法的实现方式，是学习软件设计和实现技术的最好方法。虽然大多数程序员从事的是应用程序或其他系统程序的开发工作，并不需要了解编译器的原理与实现，但是他们依然可以从本书受益，原因有以下几个。

（1）理解语言语法树的工作原理可以提升编程技能。Go 语言语法树涵盖了常见的数据结构和算法，程序员通过深入学习能够更好地掌握语言本身及基础算法在现代计算机上的高效实现，进而应用到他们未来的开发工作中。

（2）编译器是 Go 语言反射技术的另一种形态。通过手动方式解析语法树可以得到远超反射技术可以获取的信息，从而在编译时可以灵活地输出更高效的辅助代码，极大地释放元编程的能力。例如，通过 Go 语言语法树可以很容易地从 Go 语言的结构体中提取出 Kubernetes 的 CRD 结构。

（3）本书通过类似组装计算机的方式避免初学者从刚开始就陷入浩瀚繁杂的编译理论。本书先基于 Go 语言语法树快速组装出可以马上运行的凹语言，帮助读者快速理解 Go 语言底层的运行机制，便于后面更深刻地理解 Go 语言的特性。

下面简单介绍本书各章的主要内容。

- 第 1 章讨论 Go 语言的词法分析和抽象的 FileSet 对象。
- 第 2 章讲解基础字面值对应的语法树结构。
- 第 3 章讲解基础表达式的递归结构。
- 第 4 章讲解 Go 语言的代码结构。
- 第 5 章讨论 Go 语言中的导入、类型、常量和变量声明结构。
- 第 6 章讨论 Go 函数的语法树结构，其中包括函数的接收者、函数的参数和返回值类型。
- 第 7 章讲解数组和结构体等复合类型。
- 第 8 章讨论更复杂的字面值。
- 第 9 章讨论复合表达式，其中包含由数组索引和结构体成员等更加复杂的元素构成的表达式。
- 第 10 章讨论控制流结构对应的语句块和语句。
- 第 11 章讨论如何在解析后对语法树进行类型检查。
- 第 12 章讲述如何从语法树解析出更有意义的语义信息。
- 第 13 章讨论如何将经过语义验证的语法树转换为静态单赋值形式（简称 SSA 形式），静态单赋值是后端优化的重要步骤。
- 第 14 章通过将 Go 语言的极小子集定制为一门脚本语言来展示语法树的能力。

- 第 15 章讲解热门编译器后端框架 LLVM 的基础知识。
- 第 16 章讲解一个将抽象语法树和 LLVM 结合并生成可执行程序的综合示例。

本书非常适合专业技术人员自学使用，也适合在校学生用作编译原理课程的课外阅读资料。本书弥补了传统编译原理教材的不足，让枯燥无味的理论学习之路变成更有趣味的自制编程语言之旅。

读者可以尝试像 Go+语言那样给 Go 语言语法树增加更多的特性，也可以尝试为凹语言接入 LLVM 等更强大、实用的后端。这是一个可以持续提升 Go 语言"内功"的方向，希望大家能够喜欢这门技术并从中获益。

感谢 Ian Lance Taylor 为本书作序，他是 Go 语言第 4 位参与者，为社区做出了巨大贡献，靠一己之力完成了 gccgo。感谢许式伟为本书写推荐序，他是七牛公司的创始人和 CEO，也是大中华区首席 Go 语言布道者。感谢"Go 语言之父"和每位为 Go 语言提交过补丁的朋友。感谢樊虹剑（Fango），他创作了第一本以 Go 语言为主题的网络小说《胡文 Go.ogle》和第一本中文 Go 语言图书《Go 语言·云动力》，他的分享带动了大家学习 Go 语言的热情。感谢 Gopher China 创始人谢孟军多年来的支持。感谢国内对社区做出贡献的每位伙伴，你们的奉献让社区更加壮大。最后感谢人民邮电出版社的杨海玲编辑，没有她本书就不可能出版。谢谢大家！

下面就开启各个章节的精彩之旅，欢迎读者提出宝贵意见并反馈给作者。

资源与支持

本书由异步社区出品，社区（https://www.epubit.com/）为您提供相关资源和后续服务。

配套资源

本书提供配套源代码，请在异步社区本书页面点击 ，跳转到下载界面，按提示进行操作即可。注意：为保证购书者的权益，该操作会给出相关提示，要求输入提取码进行验证。

提交勘误

作者和编辑尽最大努力来确保书中内容的准确性，但难免会存在疏漏。欢迎您将发现的问题反馈给我们，帮助我们提升图书的质量。

当您发现错误时，请登录异步社区，按书名搜索，进入本书页面，点击"提交勘误"，输入勘误信息，点击"提交"按钮即可。本书的作者和编辑会对您提交的勘误信息进行审核，确认并接受您的建议后，您将获赠异步社区的 100 积分。积分可用于在异步社区兑换优惠券、样书或奖品。

扫码关注本书

扫描下方二维码，您将会在异步社区微信服务号中看到本书信息及相关的服务提示。

与我们联系

我们的联系邮箱是 contact@epubit.com.cn。

如果您对本书有任何疑问或建议,请您发邮件给我们,并请在邮件标题中注明本书书名,以便我们更高效地做出反馈。

如果您有兴趣出版图书、录制教学视频或者参与图书技术审校等工作,可以直接发邮件给本书的责任编辑(liuyasi@ptpress.com.cn)。

如果您来自学校、培训机构或企业,想批量购买本书或异步社区出版的其他图书,也可以发邮件给我们。

如果您在网上发现有针对异步社区出品图书的各种形式的盗版行为,包括对图书全部或部分内容的非授权传播,请您将怀疑有侵权行为的链接通过邮件发给我们。您的这一举动是对作者权益的保护,也是我们持续为您提供有价值内容的动力之源。

关于异步社区和异步图书

"异步社区"是人民邮电出版社旗下 IT 专业图书社区,致力于出版精品 IT 图书和相关学习产品,为作译者提供优质出版服务。异步社区创办于 2015 年 8 月,提供大量精品 IT 图书和电子书,以及高品质技术文章和视频课程。更多详情请访问异步社区官网 https://www.epubit.com。

"异步图书"是由异步社区编辑团队策划出版的精品 IT 专业图书的品牌,依托于人民邮电出版社的计算机图书出版积累和专业编辑团队,相关图书在封面上印有异步图书的 LOGO。异步图书的出版领域包括软件开发、大数据、AI、测试、前端和网络技术等。

异步社区

微信服务号

目录

第 1 章 词法单元 ·········· 1
  1.1 词法单元简介 ·········· 2
  1.2 表示词法单元的数据类型 ·········· 3
  1.3 FileSet 和 File ·········· 6
  1.4 解析词法单元 ·········· 7
  1.5 位置信息 ·········· 10
  1.6 小结 ·········· 11

第 2 章 基础字面值 ·········· 13
  2.1 基础字面值的定义 ·········· 13
  2.2 基础字面值的语法树结构 ·········· 15
  2.3 构造基础字面值 ·········· 16
  2.4 解析基础字面值 ·········· 17
  2.5 标识符字面值 ·········· 18
  2.6 小结 ·········· 19

第 3 章 基础表达式 ·········· 21
  3.1 语法规范 ·········· 21
  3.2 解析表达式 ·········· 22
  3.3 求值表达式 ·········· 25
  3.4 标识符：为表达式引入变量 ·········· 26
  3.5 小结 ·········· 28

第 4 章 代码结构 ·········· 29
  4.1 目录结构和包结构 ·········· 29
  4.2 文件结构 ·········· 30
  4.3 诊断语法树 ·········· 34
  4.4 小结 ·········· 36

第 5 章 通用声明 ·········· 39
  5.1 导入声明 ·········· 39
  5.2 类型声明 ·········· 42
  5.3 常量声明 ·········· 44
  5.4 变量声明 ·········· 46
  5.5 声明分组 ·········· 48
  5.6 小结 ·········· 49

第 6 章 函数声明 ·········· 51
  6.1 语法规范 ·········· 51
  6.2 函数声明和方法声明 ·········· 52
  6.3 参数列表和返回值列表 ·········· 54
  6.4 小结 ·········· 55

第 7 章 复合类型 ·········· 57
  7.1 语法规范 ·········· 57
  7.2 基础类型 ·········· 58
  7.3 指针类型 ·········· 61
  7.4 数组类型 ·········· 63
  7.5 切片类型 ·········· 66
  7.6 结构体类型 ·········· 67
  7.7 映射类型 ·········· 70
  7.8 管道类型 ·········· 71

- 7.9 函数类型 ………………………… 72
- 7.10 接口类型 ………………………… 73
- 7.11 小结 …………………………… 75

第8章 更复杂的字面值 ………………… 77
- 8.1 语法规范 ………………………… 77
- 8.2 函数字面值 ……………………… 78
- 8.3 复合字面值的语法 ……………… 80
- 8.4 数组字面值和切片字面值 ……… 81
- 8.5 结构体字面值 …………………… 83
- 8.6 映射字面值 ……………………… 85
- 8.7 小结 …………………………… 86

第9章 复合表达式 ……………………… 87
- 9.1 表达式语法 ……………………… 87
- 9.2 类型转换和函数调用 …………… 88
- 9.3 点选择运算 ……………………… 90
- 9.4 索引运算 ………………………… 91
- 9.5 切片运算 ………………………… 92
- 9.6 类型断言 ………………………… 93
- 9.7 小结 …………………………… 95

第10章 语句块和语句 ………………… 97
- 10.1 语法规范 ……………………… 97
- 10.2 空语句块 ……………………… 98
- 10.3 表达式语句 …………………… 100
- 10.4 返回语句 ……………………… 101
- 10.5 声明语句 ……………………… 103
- 10.6 短声明语句和多赋值语句 …… 104
- 10.7 if/else 分支语句 ……………… 106
- 10.8 for 循环 ……………………… 108
- 10.9 类型断言 ……………………… 111
- 10.10 go 语句和 defer 语句 ……… 113
- 10.11 小结 ………………………… 114

第11章 类型检查 ……………………… 115
- 11.1 语义错误 ……………………… 115
- 11.2 go/types 包 …………………… 116
- 11.3 跨包的类型检查 ……………… 118
- 11.4 小结 ………………………… 122

第12章 语义信息 ……………………… 123
- 12.1 名字空间 ……………………… 123
- 12.2 整体架构 ……………………… 127
- 12.3 小结 ………………………… 128

第13章 静态单赋值形式 ……………… 129
- 13.1 静态单赋值简介 ……………… 129
- 13.2 生成静态单赋值 ……………… 130
- 13.3 静态单赋值解释执行 ………… 134
- 13.4 go/ssa 包的架构 ……………… 136
- 13.5 小结 ………………………… 138

第14章 凹语言 ………………………… 139
- 14.1 Hello, 凹语言 ………………… 139
- 14.2 访问全局变量 ………………… 144
- 14.3 调用自定义函数 ……………… 153
- 14.4 四则运算 ……………………… 157
- 14.5 分支控制 ……………………… 160
- 14.6 导入函数 ……………………… 165
- 14.7 小结 ………………………… 168

第15章 LLVM 简介 …………………… 169
- 15.1 背景介绍 ……………………… 169

15.2	安装 LLVM ········· 171		15.10	小结 ········· 185
15.3	printf 函数 ········· 172		第 16 章	LLVM 示例 ········· 187
15.4	简单的四则运算 ········· 175		16.1	W 语言 ········· 187
15.5	比较运算 ········· 176		16.2	W 语言编译器 wcc 的设计 ···· 189
15.6	分支与循环 ········· 177		16.3	W 语言编译器 wcc 的实现 ···· 191
15.7	基本块 ········· 180		16.4	W 语言的代码示例 ········· 198
15.8	PHI 指令 ········· 182		16.5	小结 ········· 200
15.9	有限循环 ········· 184		后记	········· 201

第1章

词法单元

丰富多彩的世界是由 100 多种化学元素构成的，高级编程语言程序也是由多种基本元素构成的，这些基本元素就是词法单元（token）。词法单元构成表达式（expression）和语句（statement），表达式和语句构成函数（function），函数构成源文件（source file），源文件最终构成软件工程项目（project）。本章的重点是介绍程序的基本元素——词法单元。

词法单元不仅包含关键字，还包含用户自定义的标识符、运算符、分隔符和注释等。词法单元有以下 3 个重要属性：

- 词法单元的类型；
- 词法单元在源代码中的原始文本形式；
- 词法单元出现的位置。

在所有词法单元中，注释和分号是比较特殊的：注释一般不影响程序的语义，因此在很多情况下可以忽略；分号用于分隔语句。本章介绍如何对 Go 程序的源代码进行词法分析，即把源代码转换成词法单元序列，并提炼出每个词法单元的 3 个重要属性。

1.1 词法单元简介

Go 语言中的词法单元可分为标识符（包括关键字）、运算符和分隔符等几类，其中标识符的语法规范如下：

```
identifier = letter { letter | unicode_digit } .
letter     = unicode_letter | "_" .
```

其中 `identifier` 表示标识符，标识符由字母和数字组成，第一个字符必须是字母。需要注意的是，在 Go 语言定义中，下划线（_）被判定为字母，因此标识符中可以包含下划线；而美元符号（$）并不被判定为字母，因此标识符中不能包含美元符号。

有一类特殊的标识符被定义为关键字，用于引导特定的语法结构。Go 语言的 25 个关键字及其作用如表 1-1 所示。

表 1-1　Go 语言的关键字及其作用

关键字	作用	关键字	作用
break	跳出循环	default	多重分支语句的默认匹配项
func	定义函数	interface	定义接口
select	选择通信通道	case	多重分支语句匹配项
defer	登记析构代码	go	启动协程
map	字典类型	struct	定义结构体
chan	定义通信通道	else	条件分支语句
goto	跳转语句	package	定义包名
switch	多重分支语句	const	定义常量
if	条件分支语句	var	定义变量
range	遍历字典/数组/切片等复合类型	type	定义类型
continue	循环继续	for	循环语句
import	引入包	return	函数返回
fallthrough	多重分支语句匹配项间代码共享		

除了标识符和关键字,词法单元还包含运算符和分隔符。下面是 Go 语言定义的 47 个符号:

```
+    &    +=   &=   &&   ==   !=   (    )
-    |    -=   |=   ||   <    <=   [    ]
*    ^    *=   ^=   <-   >    >=   {    }
/    <<   /=   <<=  ++   =    :=   ,    ;
%    >>   %=   >>=  --   !    ...  .    :
&^   &^=
```

当然,除了用户自定义的标识符、25 个关键字、47 个运算符和分隔符,程序中还包含其他类型的词法单元,例如一些字面值、注释和空白符。要解析一个 Go 语言程序,第一步就是要解析这些词法单元。

1.2 表示词法单元的数据类型

在 `go/token` 包中,词法单元用枚举类型 `token.Token` 表示,不同的枚举值表示不同的词法单元:

```
// Token is the set of lexical tokens of the Go programming language
type Token int
```

所有的词法单元被分为 4 类,即特殊词法单元、基础字面值、运算符和关键字,如图 1-1 所示。

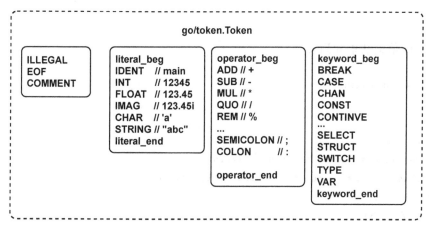

图 1-1　词法单元分类

特殊词法单元有错误、文件结束和注释 3 种：

```
// The list of tokens
const (
    // Special tokens
    ILLEGAL Token = iota
    EOF
    COMMENT
    ...
)
```

遇到无法识别的词法单元时统一返回 ILLEGAL，这样可以简化词法分析时的错误处理。

Go 语言规范定义的基础字面值主要有以下几类：

- 整数字面值；

- 浮点数字面值；

- 复数字面值；

- 符文字面值；

- 字符串字面值。

需要注意的是，在 Go 语言规范中，布尔值 true 和 false 并不在基础字面值之列。但是，为了方便词法解析，go/token 包将 true 和 false 等对应的标识符也作为字面值词法单元处理。

下面是字面值词法单元列表：

```
// The list of tokens
const (
    ...
    literal_beg
    // Identifiers and basic type literals
    // (these tokens stand for classes of literals)
    IDENT  // main
    INT    // 12345
    FLOAT  // 123.45
```

```
    IMAG   // 123.45i
    CHAR   // 'a'
    STRING // "abc"
    literal_end
    ...
)
```

其中，literal_beg 和 literal_end 并非实体词法单元，主要用于限定字面值类型的值域范围，因此判断词法单元枚举值是否在 literal_beg 和 literal_end 之间就可以确定词法单元是否为字面值类型。

运算符和分隔符类型的词法单元数量最多，具体如表 1-2 所示。

表 1-2　运算符和分隔符类型的词法单元的枚举值与符号

枚举值	符号	枚举值	符号	枚举值	符号	枚举值	符号
ADD	+	SUB	-	MUL	*	QUO	/
REM	%	AND	&	OR	|	XOR	^
SHL	<<	SHR	>>	AND_NOT	&^	ADD_ASSIGN	+=
SUB_ASSIGN	-=	MUL_ASSIGN	*=	QUO_ASSIGN	/=	REM_ASSIGN	%=
AND_ASSIGN	&=	OR_ASSIGN	|=	XOR_ASSIGN	^=	SHL_ASSIGN	<<=
SHR_ASSIGN	>>=	AND_NOT_ASSIGN	&^=	LAND	&&	LOR	||
ARROW	<-	INC	++	DEC	--	EQL	==
LSS	<	GTR	>	ASSIGN	=	NOT	!
NEQ	!=	LEQ	<=	GEQ	>=	DEFINE	:=
ELLIPSIS	...	LPAREN	(	LBRACK	[	LBRACE	{
COMMA	,	PERIOD	.	RPAREN	)	RBRACK	]
RBRACE	}	SEMICOLON	;	COLON	:		

除算术运算符之外，运算符还包括逻辑运算符、位运算符和比较运算符等二元运算符（其中二元运算符还可以与赋值运算符再次组合），以及少量的一元运算符，如取地址符、管道读取符等。而分隔符主要包括圆括号、方括号、花括号，以及逗号、圆点、分号和冒号。

Go 语言的 25 个关键字刚好对应 25 个枚举值，如表 1-3 所示。

表 1-3 Go 语言的 25 个关键字与对应的枚举值

枚举值	关键字	枚举值	关键字	枚举值	关键字	枚举值	关键字
BREAK	break	CASE	case	CHAN	chan	CONST	const
CONTINUE	continue	DEFAULT	default	DEFER	defer	ELSE	else
FALLTHROUGH	fallthrough	FOR	for	FUNC	func	GO	go
GOTO	goto	IF	if	IMPORT	import	INTERFACE	interface
MAP	map	PACKAGE	package	RANGE	range	RETURN	return
SELECT	select	STRUCT	struct	SWITCH	switch	TYPE	type
VAR	var						

从这一词法分析角度看，关键字和普通的标识符并无差别。但是，关键字在语法分析（后续章节介绍）中有重要作用。

词法单元对编程语言而言就像 26 个字母对英文一样重要，它是组成更复杂的逻辑代码的基本元素，因此我们需要熟悉词法单元的分类和属性。

1.3 FileSet 和 File

在定义好词法单元之后，我们就可以手动对源代码进行简单的词法分析。不过如果希望以后能够复用词法分析的代码，则需要仔细设计和源代码相关的接口。在 Go 语言中，多个文件组成一个包，多个包链接为一个可执行程序；所以单个包对应的多个文件可以看作 Go 语言的基本编译单元。因此 go/token 包还定义了 FileSet 和 File 对象，用于描述文件集和文件。

FileSet 和 File 对象的对应关系如图 1-2 所示。

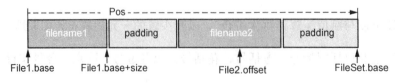

图 1-2 FileSet 和 File 对象的对应关系

每个 FileSet 表示一个文件集合，底层抽象为一个一维数组，而 Pos 类型表示数组的索引位置。FileSet 中的每个 File 元素对应底层数组的一个区间，不同的 File 之间没有交集，相邻的 File 之间可能存在填充空间。

每个 File 对象主要由文件名、base 和 size 组成，其中 base 对应 File 在 FileSet 中的 Pos 索引位置，因此 base 和 base+size 定义了 File 在 FileSet 数组中的开始位置和结束位置。在每个 File 内部可以通过 offset 定位索引，通过 offset+File.base 可以将 File 内部的 offset 转换为 Pos，因为 Pos 是 FileSet 的全局偏移量。反之也可以通过 Pos 查询对应的 File，以及对应 File 内部的 offset。

词法分析的每个词法单元位置信息由 Pos 定义，通过 Pos 和 FileSet 可以轻松地查询到对应的 File，然后通过 File 对应的源文件和 offset 计算出对应的行号和列号(实现中 File 只保存了每行的开始位置，并没有保存原始的源代码文本)。Pos 类型底层是 int 类型，它和指针类型的语义类似，因此零值被定义为 NoPos，表示无效的 Pos，类似于空指针。

1.4 解析词法单元

Go 语言标准库 go/scanner 包提供了 Scanner 来实现词法单元扫描，它在 FileSet 和 File 抽象文件集合的基础上进行词法分析。

scanner.Scanner 的公开接口定义如下：

```
type Scanner struct {
    // public state - ok to modify
    ErrorCount int // number of errors encountered
    // Has unexported fields
}

func (s *Scanner) Init(
    file *token.File, src []byte,
    err ErrorHandler, mode Mode,
)
```

```
func (s *Scanner) Scan() (
    pos token.Pos, tok token.Token, lit string,
)
```

Init 方法用于初始化扫描器，其中 file 参数表示当前的文件（不包含代码数据），src 参数表示要分析的代码，err 参数表示用户自定义的错误处理函数，mode 参数可以控制是否扫描注释部分。

Scan 方法扫描一个词法单元，3 个返回值分别表示词法单元的位置、词法单元的值和词法单元的文本表示。

要构造一个简单的词法扫描器测试程序，首先要构造 Init 方法的第一个参数所需的 File 对象。但是，File 对象没有公开的构造函数，只能通过 FileSet 的 AddFile 方法间接构造 File 对象。

下面是一个简单的词法分析程序：

```
package main

import (
    "fmt"
    "go/scanner"
    "go/token"
)

func main() {
    var src = []byte(`println("你好, 世界")`)

    var fset = token.NewFileSet()
    var file = fset.AddFile("hello.go", fset.Base(), len(src))

    var s scanner.Scanner
    s.Init(file, src, nil, scanner.ScanComments)

    for {
        pos, tok, lit := s.Scan()
        if tok == token.EOF {
```

```
            break
        }
        fmt.Printf("%s\t%s\t%q\n", fset.Position(pos), tok, lit)
    }
}
```

其中，`src` 是要分析的代码字符串。

首先通过 `token.NewFileSet` 方法创建一个文件集。这是因为词法单元的位置信息必须通过文件集定位，并且需要通过文件集创建扫描器的 `Init` 方法所需的 `file` 参数。

然后调用 `fset.AddFile` 方法向 `fset` 文件集添加一个新的文件，文件名为 hello.go，文件的长度就是要分析的代码 `src` 的长度。

接着创建 `scanner.Scanner` 对象，并且调用 `Init` 方法初始化扫描器。`Init` 方法的第一个参数 `file` 表示刚刚添加到 `fset` 的文件对象，第二个参数 `src` 表示要分析的代码，第三个参数 `nil` 表示没有自定义的错误处理函数,最后的 `scanner.ScanComments` 参数表示不忽略注释。

因为要解析的代码中有多个词法单元，所以我们在一个循环中调用 `s.Scan` 方法依次解析每个词法单元。如果返回的是 `token.EOF`，则表示扫描到了文件末尾，否则输出扫描返回的结果。输出前，我们需要将扫描器返回的 `pos` 参数转换为更详细的带文件名和行列号的位置信息，可以通过 `fset.Position(pos)` 方法完成。

运行以上程序的输出结果如下：

```
hello.go:1:1    IDENT    "println"
hello.go:1:8    (        ""
hello.go:1:9    STRING   "\"你好，世界\""
hello.go:1:26   )        ""
hello.go:1:27   ;        "\n"
```

输出结果的第一列表示词法单元所在的文件和行列号，中间一列表示词法单元的枚举值，最后一列表示词法单元在源文件中的原始内容。

1.5 位置信息

go/token 包中的 Position 表示更详细的位置信息,它被定义为一个结构体:

```
type Position struct {
    Filename  string  // filename, if any
    Offset    int     // offset, starting at 0
    Line      int     // line number, starting at 1
    Column    int     // column number, starting at 1 (byte count)
}
```

其中,Filename 表示文件名,Offset 对应文件内的字节偏移量(从 0 开始),Line 和 Column 分别对应行列号(从 1 开始)。比较特殊的是 Offset 成员,它用于从文件数据定位代码,但是输出时会将偏移量转换为行列号输出。

输出位置信息时,根据文件名、行号和列号共有 6 种组合:

```
func main() {
    a := token.Position{Filename: "hello.go", Line: 1, Column: 2}
    b := token.Position{Filename: "hello.go", Line: 1}
    c := token.Position{Filename: "hello.go"}

    d := token.Position{Line: 1, Column: 2}
    e := token.Position{Line: 1}
    f := token.Position{Column: 2}

    fmt.Println(a.String())
    fmt.Println(b.String())
    fmt.Println(c.String())
    fmt.Println(d.String())
    fmt.Println(e.String())
    fmt.Println(f.String())
}
```

实际输出结果如下:

```
hello.go:1:2
hello.go:1
```

```
hello.go
1:2
1
-
```

行号从 1 开始，是必需的信息，如果缺少行号则输出 "-"，表示无效的位置。

1.6 小结

本章简单介绍了 go/token 包的用法。词法单元解析是常见编译或解释流程的第一个步骤，通过将输入的数据流转化为词法单元流，简化后续语法解析的处理流程。为了提高效率，词法单元一般被定义为整数类型，Go 语言的词法单元更是通过分组的方式提高了词法单元类型判断的效率。此外，go/token 包通过 Pos 抽象将文件的行列号位置映射为可排序的整数，不仅可以简化目标文件中符号位置信息的存储，也可以为位置和区间提供更高的二分查找性能。

第 2 章
基础字面值

字面值是在程序代码中直接表示的值。例如，表达式 x+2*y 中的 2 就是字面值。Go 语言规范明确定义了基础字面值（basic literal）。需要特别注意的是，布尔值 `true` 和 `false` 并不是普通的字面值，而是内置的布尔型标识符（可以被重新定义为其他变量）。但是，从 Go 语言用户的角度看，`true` 和 `false` 也是预定义的字面值类型，因此它们也被归为字面值（在 `literal_beg` 和 `literal_end` 之间）一类。Go 语言中，非零初始值只能由字面值常量或常量表达式生成。在本章中我们主要介绍基础字面值。

2.1 基础字面值的定义

基础字面值有整数字面值、浮点数字面值、复数字面值、符文字面值和字符串字面值 5 种，同时标识符也作为字面值类型。在 go/token 包中，基础字面值也被定义为独立的词法单元，如图 2-1 所示。

第 2 章　基础字面值

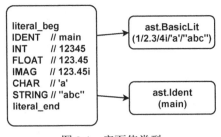

图 2-1　字面值类型

图 2-1 中没有导出的 `literal_beg` 和 `literal_end` 之间的枚举值对应的词法单元都是基础字面值。

整数字面值定义如下：

```
int_lit        = decimal_lit | binary_lit | octal_lit | hex_lit .
decimal_lit    = "0" | ( "1" … "9" ) [ [ "_" ] decimal_digits ] .
binary_lit     = "0" ( "b" | "B" ) [ "_" ] binary_digits .
octal_lit      = "0" [ "o" | "O" ] [ "_" ] octal_digits .
hex_lit        = "0" ( "x" | "X" ) [ "_" ] hex_digits .
```

整数字面值分为十进制整数字面值、二进制整数字面值、八进制整数字面值和十六进制整数字面值 4 种。需要注意的是，整数字面值并不支持科学计数法形式，同时数字中间可以添加下划线来分隔数字。

数值型字面值中除了整数字面值，还有浮点数字面值。浮点数字面值又分为十进制浮点数字面值和十六进制浮点数字面值，它们的语法规范如下：

```
float_lit         = decimal_float_lit | hex_float_lit .

decimal_float_lit = decimal_digits "." [ decimal_digits ] [ decimal_exponent ] |
                    decimal_digits decimal_exponent |
                    "." decimal_digits [ decimal_exponent ] .
decimal_exponent  = ( "e" | "E" ) [ "+" | "-" ] decimal_digits .

hex_float_lit     = "0" ( "x" | "X" ) hex_mantissa hex_exponent .
hex_mantissa      = [ "_" ] hex_digits "." [ hex_digits ] |
                    [ "_" ] hex_digits |
                    "." hex_digits .
```

```
hex_exponent        = ( "p" | "P" ) [ "+" | "-" ] decimal_digits .
```

其中，`decimal_float_lit` 表示十进制浮点数，又分为普通十进制和科学计数法两种表示形式。科学计数法形式的字面值中不仅有十进制形式，还有十六进制形式。十六进制浮点数字面值在 C 语言的 C99 标准中就已经存在，在 C++的 C++ 17 标准开始支持，Java 等语言也已经支持，而 Go 语言是在 Go 1.13 开始支持的。十六进制浮点数字面值的优势是可以完美配合 IEEE 754 定义的二进制指数的浮点数表达，使浮点数字面值和浮点数变量的值精确一致。

除了整数字面值和浮点数字面值，数值型字面值还包含复数字面值，其定义如下：

```
imaginary_lit = (decimal_digits | int_lit | float_lit) "i" .
```

复数字面值的定义比较简单，是在整数字面值或浮点数字面值后增加一个 `i` 作为后缀。例如，`0i` 和 `123i` 就分别表示将 0 和 123 转换为复数形式。

除了数值型字面值，还有符文字面值和字符串字面值，它们的定义如下：

```
rune_lit                = "'" ( unicode_value | byte_value ) "'" .
unicode_value           = unicode_char | little_u_value | big_u_value | escaped_char .
byte_value              = octal_byte_value | hex_byte_value .

string_lit              = raw_string_lit | interpreted_string_lit .
raw_string_lit          = "`" { unicode_char | newline } "`" .
interpreted_string_lit  = `"` { unicode_value | byte_value } `"`
```

符文类似于一个只包含一个字符的字符串，由一对单引号（'）括起来，而字符串由一对双引号（"）或反引号（`）括起来，其中可以包含多个字符，但是不能跨行。普通的符文和字符串都可以包含由反斜杠（\）引导的特殊符号。用反引号括起来的字符串表示原生字符串，它可以跨多行但不支持转义字符，因此其内部是无法表示反引号这个字符的。

2.2 基础字面值的语法树结构

Go 语言的抽象语法树（abstract syntax tree, AST）由 `go/ast` 包定义。`go/ast` 包中的

`ast.BasicLit` 结构体表示一个基础字面值常量,它的定义如下:

```
type BasicLit struct {
    ValuePos  token.Pos   // literal position
    Kind      token.Token // token.INT, token.FLOAT, token.IMAG, token.CHAR, or token.STRING
    Value     string      // literal string; e.g. 42, 0x7f, 3.14, 1e-9, 2.4i, 'a', '\x7f',
"foo" or `\m\n\o`
}
```

其中,`ValuePos` 表示该词法单元开始的字节偏移量(并不包含文件名、行号和列号等信息),`Kind` 表示字面值的类型(只有数值类型、字符和字符串这 3 类),`Value` 表示字面值的原始代码。

2.3 构造基础字面值

在了解了基础字面值的语法树结构之后,我们可以手动构造简单的基础字面值。例如,用下面的代码构造一个整数 9527 的字面值:

```
package main

import (
    "go/ast"
    "go/token"
)

func main() {
    var lit9527 = &ast.BasicLit{
        Kind:  token.INT,
        Value: "9527",
    }
    ast.Print(nil, lit9527)
}
```

其中,`token.INT` 表示基础字面值的类型是整数类型,值用整数的十进制字符串表示。如果把 `token.INT` 改为 `token.FLOAT` 则变成浮点数的 9527,如果改成 `token.STRING` 则变成字符串字面值`"9527"`。

2.4 解析基础字面值

在前面的例子中,我们通过 `ast.BasicLit` 结构体直接构造了字面值。手动构造 `ast.BasicLit` 甚至是完整的语法树都是可以的,从理论上说,可以为任何 Go 语言程序手动构造等价的语法树结构。但手动构造语法树毕竟太烦琐,好在 Go 语言的 `go/parser` 包可以帮我们解析 Go 语言代码并自动构造语法树。

下面的例子通过 `parser.ParseExpr` 函数从输入的十进制数 9527 生成 `ast.BasicLit` 结构体:

```
func main() {
    expr, _ := parser.ParseExpr(`9527`)
    ast.Print(nil, expr)
}
```

`go/parser` 包提供了 `parser.ParseExpr` 函数用于简化表达式的解析,返回 `ast.Expr` 类型的 `expr` 和一个错误,`expr` 为表达式的语法树。然后通过 `go/ast` 包提供的 `ast.Print` 函数输出语法树。

输出结果如下:

```
0  *ast.BasicLit {
1  .  ValuePos: 1
2  .  Kind: INT
3  .  Value: "9527"
4  }
```

也可以解析字符串字面值`"9527"`:

```
func main() {
    expr, _ := parser.ParseExpr(`"9527"`)
    ast.Print(nil, expr)
}
```

输出结果如下:

```
0  *ast.BasicLit {
1  .  ValuePos: 1
2  .  Kind: STRING
3  .  Value: "\"9527\""
4  }
```

基础字面值在语法树中一定是以叶节点的形式存在的，在递归遍历语法树时遇到基础字面值节点递归就会返回。同时，通过基础字面值、指针、结构体、数组和映射（map）等其他语法结构的相互嵌套和组合就可以构造出无穷无尽的复合类型。

2.5 标识符字面值

类似于基础字面值类型，go/ast 包定义了 `ast.Ident` 结构体，用于表示标识符类型：

```
type Ident struct {
    NamePos token.Pos // identifier position
    Name    string    // identifier name
    Obj     *Object   // denoted object; or nil
}
```

其中，`NamePos` 表示标识符的位置，`Name` 表示标识符的名字，`Obj` 表示标识符的类型（用于获取其扩展信息）。对内置的标识符字面值来说，我们主要关注标识符的名字即可。

go/ast 包同时提供了 `NewIdent` 函数，用于创建简单的标识符：

```
func main() {
    ast.Print(nil, ast.NewIdent(`x`))
}
```

输出结果如下：

```
0  *ast.Ident {
1  .  NamePos: 0
2  .  Name: "x"
3  }
```

如果从表达式解析标识符，则会通过 `Obj` 成员描述标识符额外的信息：

```
func main() {
    expr, _ := parser.ParseExpr(`x`)
    ast.Print(nil, expr)
}
```

输出表达式中 x 标识符信息如下：

```
0  *ast.Ident {
1  .  NamePos: 1
2  .  Name: "x"
3  .  Obj: *ast.Object {
4  .  .  Kind: bad
5  .  .  Name: ""
6  .  }
7  }
```

ast.Object 是一个相对复杂的结构，其中 Kind 用于描述标识符的类型：

```
const (
    Bad ObjKind = iota // for error handling
    Pkg                // package
    Con                // constant
    Typ                // type
    Var                // variable
    Fun                // function or method
    Lbl                // label
)
```

其中，Bad 表示未知的类型，其他的分别对应 Go 语言中的包、常量、类型、变量、函数和标号等语法结构。标识符中更具体的类型（例如是整型还是布尔型）则由 ast.Object 的其他成员描述。

2.6 小结

本章介绍了 Go 语言字面值对应的 ast.BasicLit 结构体，其中包含字符串形式表示的字面值的原始形式，也包含语法树节点对应的位置信息和字面值对应的类型。此外，还介绍了用于绑定值的标识符 ast.Ident 结构体。字面值对应编译时的常量，Go 语言中所有与 const 相关的值均需要通过 ast.BasicLit 和 ast.Ident 结构体产生。第 3 章将介绍表达式的结构。

第 3 章

基础表达式

本章将由浅入深地介绍 Go 语言的表达式，先从基础表达式开始。基础表达式是指完全由数值型字面值和标识符作为运算操作数的表达式。

3.1 语法规范

基础表达式的运算符主要是一元运算符和二元运算符，而运算操作数是数值字面值和标识符。运算的主体是各种字面值和标识符。

基础表达式的语法规范如下：

```
Expression = UnaryExpr | Expression binary_op Expression .
UnaryExpr  = Operand | unary_op UnaryExpr .
Operand    = Literal | identifier | "(" Expression ")" .

binary_op  = "||" | "&&" | rel_op | add_op | mul_op .
rel_op     = "==" | "!=" | "<" | "<=" | ">" | ">=" .
add_op     = "+" | "-" | "|" | "^" .
mul_op     = "*" | "/" | "%" | "<<" | ">>" | "&" | "&^" .
```

```
unary_op   = "+" | "-" | "!" | "^" | "*" | "&" | "<-" .
```

其中，Expression 表示基础表达式的递归定义的根，它可以是 UnaryExpr 类型的一元表达式，也可以是运算符 binary_op 生成的二元表达式。一元表达式和二元表达式的操作数由 Operand 定义，而操作数包括字面值、标识符和由圆括号括起来的更复杂的表达式。

3.2 解析表达式

parser.ParseExpr 函数用于解析单个表达式（可以包含注释），因此返回的 ast.Expr 是一个表达式抽象接口：

```
type Expr interface {
    Node
    // contains filtered or unexported methods
}
```

除了内置一个 ast.Node 接口，ast.Expr 没有任何其他信息和约束（这是 Go 语言隐式接口的缺点，用户需要自己猜测接口之间的逻辑关系）。

ast.Node 接口更简单，只有两个方法，分别表示这个语法树节点的开始位置和结束位置：

```
type Node interface {
    Pos() token.Pos // position of first character belonging to the node
    End() token.Pos // position of first character immediately after the node
}
```

通过分析 go/ast 包的文档可以发现，很多类型以 Expr 为后缀：

```
$ go doc go/ast | grep Expr
type BadExpr struct{ ... }
type BinaryExpr struct{ ... }
type CallExpr struct{ ... }
type Expr interface{ ... }
type ExprStmt struct{ ... }
type IndexExpr struct{ ... }
type KeyValueExpr struct{ ... }
```

```
type ParenExpr struct{ ... }
type SelectorExpr struct{ ... }
type SliceExpr struct{ ... }
type StarExpr struct{ ... }
type TypeAssertExpr struct{ ... }
type UnaryExpr struct{ ... }
```

真实的表达式种类当然不止这些，2.3 节的例子中的 `ast.BasicLit` 类型就不在其中，不过暂时无须了解 `Expr` 的全部类型。

从二元算术表达式 `ast.BinaryExpr` 开始介绍，因为加减乘除四则运算是我们最熟悉的表达式结构：

```
func main() {
    expr, _ := parser.ParseExpr(`1+2*3`)
    ast.Print(nil, expr)
}
```

输出结果如下：

```
 0  *ast.BinaryExpr {
 1  .  X: *ast.BasicLit {
 2  .  .  ValuePos: 1
 3  .  .  Kind: INT
 4  .  .  Value: "1"
 5  .  }
 6  .  OpPos: 2
 7  .  Op: +
 8  .  Y: *ast.BinaryExpr {
 9  .  .  X: *ast.BasicLit {
10  .  .  .  ValuePos: 3
11  .  .  .  Kind: INT
12  .  .  .  Value: "2"
13  .  .  }
14  .  .  OpPos: 4
15  .  .  Op: *
16  .  .  Y: *ast.BasicLit {
17  .  .  .  ValuePos: 5
18  .  .  .  Kind: INT
```

```
19  .  .  .  Value: "3"
20  .  .  }
21  .  }
22  }
```

parser.ParseExpr(`1+2*3`) 返回的树结构如图 3-1 所示。

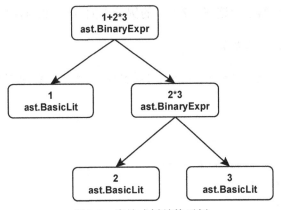

图 3-1 表达式树结构示例

ast.BasicLit 是第 2 章介绍过的基础字面值类型，在图 3-1 中它是叶节点，而 ast.BinaryExpr 是二元表达式的根节点和其他非叶节点，其定义如下：

```
type BinaryExpr struct {
    X     Expr        // left operand
    OpPos token.Pos   // position of Op
    Op    token.Token // operator
    Y     Expr        // right operand
}
```

其中，Op 成员表示二元运算符，而 X 和 Y 则分别表示运算符左、右两个操作数。最重要的是，X 和 Y 操作数都是 Expr 接口类型的，这样就可以实现递归定义。因此，在上面的输出结果中，最外层的 Y 部分被填充为 ast.BinaryExpr 类型的子语法树（这说明后出现的乘法有着更高的优先级）。

3.3 求值表达式

了解了*ast.BinaryExpr语法树的结构之后，我们就可以手动对表达式进行求值：

```
func main() {
    expr, _ := parser.ParseExpr(`1+2*3`)
    fmt.Println(Eval(expr))
}

func Eval(exp ast.Expr) float64 {
    switch exp := exp.(type) {
    case *ast.BinaryExpr:
        return EvalBinaryExpr(exp)
    case *ast.BasicLit:
        f, _ := strconv.ParseFloat(exp.Value, 64)
        return f
    }
    return 0
}

func EvalBinaryExpr(exp *ast.BinaryExpr) float64 {
    switch exp.Op {
    case token.ADD:
        return Eval(exp.X) + Eval(exp.Y)
    case token.MUL:
        return Eval(exp.X) * Eval(exp.Y)
    }
    return 0
}
```

其中，Eval函数用于递归解析表达式，如果是*ast.BinaryExpr类型则调用EvalBinaryExpr函数进行解析，如果是*ast.BasicLit类型则直接调用strconv.ParseFloat方法解析浮点数字面值。EvalBinaryExpr函数用于解析二元表达式，这里只简单展示加法和乘法运算符，然后在加法和乘法运算符的左、右两个子表达式中调用Eval函数进行解析。

表达式是所有运算的基础。很多功能性的函数也可以作为表达式的一部分参与运算。如果在表达式中再引入变量和函数，其表达力就变得更加强大。

3.4 标识符：为表达式引入变量

在 3.3 节的例子中，我们已经尝试过用数值类型的常量构成的表达式求值。我们现在尝试为表达式引入变量，变量由外部动态注入。

还是先从一个简单的例子入手，解析带变量的表达式：

```
func main() {
    expr, _ := parser.ParseExpr(`x`)
    ast.Print(nil, expr)
}
```

输出结果如下：

```
0  *ast.Ident {
1  .  NamePos: 1
2  .  Name: "x"
3  .  Obj: *ast.Object {
4  .  .  Kind: bad
5  .  .  Name: ""
6  .  }
7  }
```

这个表达式只有一个 x，对应 *ast.Ident 类型。ast.Ident 结构体的定义如下：

```
type Ident struct {
    NamePos token.Pos // identifier position
    Name    string    // identifier name
    Obj     *Object   // denoted object; or nil
}
```

其中，最重要的是 Name 成员，它表示标识符的名字。这样就可以在递归解析时传入一个上下文参数，其中包含变量的值：

```go
func main() {
    expr, _ := parser.ParseExpr(`1+2*3+x`)
    fmt.Println(Eval(expr, map[string]float64{
        "x": 100,
    }))
}

func Eval(exp ast.Expr, vars map[string]float64) float64 {
    switch exp := exp.(type) {
    case *ast.BinaryExpr:
        return EvalBinaryExpr(exp, vars)
    case *ast.BasicLit:
        f, _ := strconv.ParseFloat(exp.Value, 64)
        return f
    case *ast.Ident:
        return vars[exp.Name]
    }
    return 0
}

func EvalBinaryExpr(exp *ast.BinaryExpr, vars map[string]float64) float64 {
    switch exp.Op {
    case token.ADD:
        return Eval(exp.X, vars) + Eval(exp.Y, vars)
    case token.MUL:
        return Eval(exp.X, vars) * Eval(exp.Y, vars)
    }
    return 0
}
```

在 Eval 函数递归解析时，如果当前解析的表达式语法树节点是 *ast.Ident 类型的，则直接从 vars 表格查询结果。

Go 语言的表达式十分复杂，不仅有普通的局部变量，还有数组索引求值、管道取值、其他结构的成员求值等类型。但是，标识符是引入变量的最基础的方法，我们可以在此基础方法之上逐步完善更复杂的求值函数。

3.5 小结

基础表达式是构成程序的基础，表达式不仅会涉及左右结合的规则，还会涉及运算符的优先级规则，因此表达式的处理其实是语法解析中比较复杂的部分。本章尝试从语法树的视角查看表达式，然后结合有上下文作用域变量绑定的值就可以实现更复杂的运算。表达式是 Go 语言的微观构件，第 4 章将切换到宏观视角下查看 Go 语言程序的包和目录结构。

第 4 章

代码结构

在第 3 章中我们简单了解了如何解析单个表达式。但是，Go 语言的表达式不是独立存在的语法结构，如果我们希望通过表达式和赋值语句来更新上下文环境，就需要将表达式放到 Go 语言源文件环境中进行解析。Go 语言的代码结构主要分为 3 个层次：目录结构、目录内部的包结构和文件内部的代码结构。标准库的 `go/parser` 包只提供了目录和文件解析的函数，因此我们主要从这 3 个层次学习与语法树相关的代码结构。

4.1 目录结构和包结构

Go 语言代码根据目录组织，一个包由多个文件组成，这些文件必须位于同一个目录下。虽然包的单元测试代码和包的正常代码文件位于同一个目录下，但是测试代码属于一个独立的测试包（独立的测试包名是以 _test 为后缀的）。标准库 `go/parser` 包中的 `parser.ParseDir` 用于解析目录内的全部 Go 语言文件，返回的 `map[string]*ast.Package` 包含多个包信息。标准库 `go/parser` 包中的 `parser.ParseFile` 用于解析单个文件，返回的 `*ast.File` 包含文件内部代码信息。而每个 *ast.Package 正是由多个 *ast.File 组成的。包和文件的组织关系如图 4-1 所示。

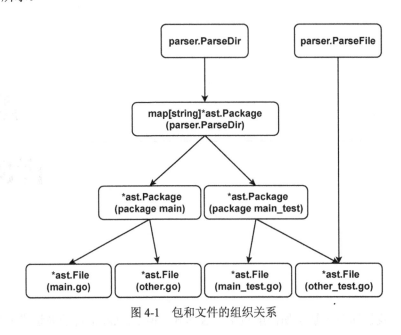

图 4-1　包和文件的组织关系

图 4-1 中展示的测试包由 main.go、other.go、main_test.go 和 other_test.go 这 4 个文件组成，其中 main.go 和 other.go 属于 package main 包，而 main_test.go、other_test.go 属于 package main_test 包。因此，parser.ParseDir 函数解析出两个包，每个包中各有两个文件。当然，也可以针对每个文件手动调用 parser.ParseFile 函数进行解析，然后根据包的名字输出类似于 parser.ParseDir 函数解析的结果。

因为 parser.ParseDir 函数的实际的代码实现也是由 parser.ParseFile 函数简单包装而来的，所以只需简单了解目录结构。文件内部的代码结构才是 Go 语言语法树解析的难点和重点。

4.2　文件结构

Go 语言是一门精心设计的语言，其语法非常利于理解和解析。在 Go 语言文件中，顶级的语法元素只有 package、import、type、const、var 和 func 这 6 种。这些语法元素分别对应下面代码中的 PackageClause、ImportDecl、TypeDecl、ConstDecl、VarDecl 和 FunctionDecl。

每个文件的语法规范如下：

```
SourceFile    = PackageClause ";" { ImportDecl ";" } { TopLevelDecl ";" } .

PackageClause = "package" PackageName .
PackageName   = identifier .

TopLevelDecl  = Declaration | FunctionDecl | MethodDecl .
Declaration   = ConstDecl | TypeDecl | VarDecl .
```

其中，`SourceFile` 表示一个 Go 源文件，由包定义（`PackageClause`）、导入声明（`ImportDecl`）和顶级声明（`TopLevelDecl`）3 部分组成，`TopLevelDecl` 由通用声明（`Declaration`）、函数声明（`FunctionDecl`）和方法声明（`MethodDecl`）组成，`Declaration` 又包含常量声明(`ConstDecl`)、类型声明(`TypeDecl`)和变量声明(`VarDecl`)。

下面是一个 Go 源文件的例子：

```
package pkgname

import ("a", "b")
type SomeType int
const PI = 3.14
var Length = 1

func main() {}
```

Go 语言的语法规范负责 LL1 语法规范，通过每行开头的不同关键字就可以区分不同的声明类型。使用 `go/parser` 包的 `parser.ParseFile` 函数就可以对上面的代码进行解析：

```
func main() {
    fset := token.NewFileSet()
    f, err := parser.ParseFile(fset, "hello.go", src, parser.AllErrors)
```

```
    if err != nil {
        fmt.Println(err)
        return
    }

    ...
}

const src = `package pkgname

import ("a"; "b")
type SomeType int
const PI = 3.14
var Length = 1

func main() {}
`
```

parser.ParseFile 函数返回的是 ast.File 类型的结构体的指针:

```
type File struct {
    Doc        *CommentGroup    // associated documentation; or nil
    Package    token.Pos        // position of "package" keyword
    Name       *Ident           // package name
    Decls      []Decl           // top-level declarations; or nil
    Scope      *Scope           // package scope (this file only)
    Imports    []*ImportSpec    // imports in this file
    Unresolved []*Ident         // unresolved identifiers in this file
    Comments   []*CommentGroup  // list of all comments in the source file
}
```

这个结构体中的 Name 成员表示文件对应包的名称，Imports 成员表示当前文件导入的第三方包信息。因此，通过以下代码就可以输出当前包的名称和被导入的包的名称：

```
    fmt.Println("package:", f.Name)

    for _, s := range f.Imports {
        fmt.Println("import:", s.Path.Value)
    }
```

```
// Output:
// package: pkgname
// import: "a"
// import: "b"
```

这个结构体中最重要的其实是 `Decls` 成员，它包含当前文件全部的包级别的声明信息（包含导入信息）。即使没有 `Imports` 成员，也可以从 `Decls` 声明列表中获取全部导入包的信息。

通过以下的代码可以查看 `Decls` 每个成员的类型信息：

```
for _, decl := range f.Decls {
    fmt.Printf("decl: %T\n", decl)
}

// Output:
// decl: *ast.GenDecl
// decl: *ast.GenDecl
// decl: *ast.GenDecl
// decl: *ast.GenDecl
// decl: *ast.FuncDecl
```

分析输出结果可以发现，前四个都是 *ast.GenDecl 类型的成员，只有最后一个是 *ast.FuncDecl 类型的成员。因此可以推测，import、type、const 和 var 都对应 *ast.GenDecl 类型，只有 func 是独立的 *ast.FuncDecl 类型。

也可以从 f.Decls 列表中获取导入包的信息：

```
for _, v := range f.Decls {
    if s, ok := v.(*ast.GenDecl); ok && s.Tok == token.IMPORT {
        for _, v := range s.Specs {
            fmt.Println("import:", v.(*ast.ImportSpec).Path.Value)
        }
    }
}
```

在遍历 f.Decls 列表时，先判断是否为 *ast.GenDecl 类型，如果是，并且 s.Tok 是 token.IMPORT 类型的，则表示是导入声明。这样就可以将 s.Specs 列表中的每个元素作为

`*ast.ImportSpec` 类型进行输出。

`ast.File` 结构体对应的源代码结构如图 4-2 所示。

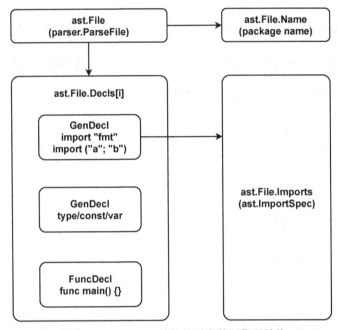

图 4-2　`ast.File` 结构体对应的源代码结构

通过 `parser.ParseFile` 函数解析文件得到 `ast.File` 类型的结构体的指针。`ast.File` 结构体中的 `Name` 包含包名信息，`Decls` 包含全部的声明信息（声明分别对应 `ast.GenDecl` 和 `ast.FuncDecl` 两种类型），以及导入信息。

4.3　诊断语法树

`go/ast` 包为 Go 语言语法树提供了 `ast.Print` 函数，专门用于输出语法树：

```
$ go doc ast.Print
package ast // import "go/ast"

func Print(fset *token.FileSet, x interface{}) error
    Print prints x to standard output, skipping nil fields. Print(fset, x) is
    the same as Fprint(os.Stdout, fset, x, NotNilFilter).
```

ast.Print 是学习和调试语法树最重要的函数，通过其输出我们可以对语法树有直观的印象，从而为进一步分析、处理语法树奠定基础。从 ast.Print 函数文档可以看出，它是 ast.Fprint 函数的再次包装（类似于 fmt.Print 和 fmt.Fprint 函数的关系），这样我们不仅可以定义输出的目标，而且可以通过过滤函数来控制输出的内容。

此外，还可以通过 ast.Walk 函数遍历整个语法树（与 filepath.Walk 函数遍历目录的思想类似）：

```go
type myNodeVisitor struct {}

func (p *myNodeVisitor) Visit(n ast.Node) (w ast.Visitor) {
    if x, ok := n.(*ast.Ident); ok {
        fmt.Println("myNodeVisitor.Visit:", x.Name)
    }
    return p
}

func main() {
    fset := token.NewFileSet()
    f, err := parser.ParseFile(fset, "hello.go", src, parser.AllErrors)
    if err != nil {
        log.Fatal(err)
        return
    }

    ast.Walk(new(myNodeVisitor), f)
}

const src = `...` // 和前面的内容相同
```

首先定义一个新的 myNodeVisitor 类型以满足 ast.Visitor 接口，其次用 myNodeVisitor.Visit 方法输出标识符类型的名字，最后通过 ast.Walk 函数遍历整个语法树。

输出结果如下：

```
myNodeVisitor.Visit: pkgname
myNodeVisitor.Visit: SomeType
myNodeVisitor.Visit: int
myNodeVisitor.Visit: PI
myNodeVisitor.Visit: Length
myNodeVisitor.Visit: main
```

也可以通过 `ast.Inspect` 函数实现同样的功能：

```
ast.Inspect(f, func(n ast.Node) bool {
    if x, ok := n.(*ast.Ident); ok {
        fmt.Println("ast.Inspect", x.Name)
    }
    return true
})
```

以上例子说明，语法树的很多处理在原理上是相通的，`ast.Inspect` 函数只是 `ast.Walk` 函数更简化的包装而已。有了语法树之后，对 import 进行花样排序就变成了对 `Decls` 列表元素进行处理的问题。

4.4 小结

`parser.ParseDir` 函数解析目录结构，返回包含多个包的映射对象，返回包的总体逻辑关系如图 4-3 所示。

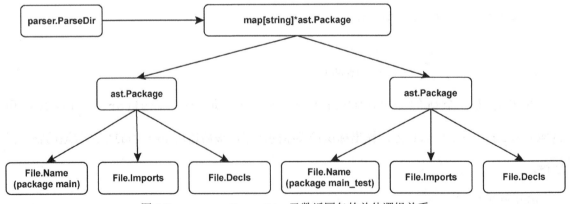

图 4-3 `parser.ParseDir` 函数返回包的总体逻辑关系

多个包构成完整的可执行程序。每个包内部通过文件组织代码的导入和声明语句。而单个文件可以由 parser.ParseFile 函数解析，文件内部的逻辑关系如图 4-4 所示。

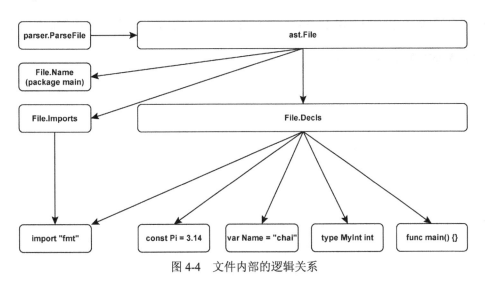

图 4-4　文件内部的逻辑关系

首先是包的名字，其次是导入的依赖包列表，最后是类型、常量、变量和函数等声明列表。文件内部的声明列表是最复杂也是最重要的部分，其详细的逻辑结构如图 4-5 所示。

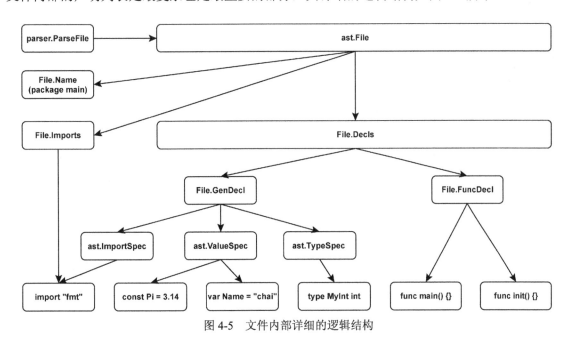

图 4-5　文件内部详细的逻辑结构

声明部分包含通用声明和函数声明。通用声明包含导入声明、类型声明、常量声明和变量声明，它们可以独立声明也可以按组声明，其中常量声明和变量声明采用相同的语法结构表示，而函数声明不支持按组声明，函数声明主要包含接收者、函数参数和返回值组成的函数类型签名，以及函数的代码实体等信息。

第 5 章 通用声明

通用声明是不含函数声明的顶级语法元素，包含导入声明、类型声明、常量声明和变量声明 4 种。这 4 种声明既可以写成独立的形式，也可以写成分组的形式。本章的前四节分别介绍这 4 种声明的独立形式，5.5 节介绍它们的分组形式。

5.1 导入声明

Go 语言的语法规范要求：当 package 关键字成功定义一个包之后，导入语句必须在第一时间出现，然后才能是类型、常量、变量和函数等其他声明。

导入包的语法规范如下：

```
ImportDecl  = "import" ( ImportSpec | "(" { ImportSpec ";" } ")" ) .
ImportSpec  = [ "." | PackageName ] ImportPath .
ImportPath  = string_lit .

PackageName = identifier .
```

ImportDecl 定义了导入声明的完整语法，第一个出现的必须是 import 关键字，圆括号中的内容是 import 关键字之后的部分，圆括号中的竖线分隔符表示只选择其中一个（与正则表达式的语法类似），这里表示选择 ImportSpec（单独导入一个包）和 "(" { ImportSpec ";" } ")"（按组导入包）两种形式之一。ImportSpec 定义了一个包的导入方式，方括号中的导入名字是可选择的部分，ImportPath 是由字符串字面值组成的被导入包的路径。

根据导入语法规则，创建的导入声明有以下几种形式：

```
import "pkg-a"
import pkg_b_v2 "pkg-b"
import . "pkg-c"
import _ "pkg-d"
```

其中，第一种形式是默认的导入方式，导入后的名字采用的是 pkg-a 包定义的名字（具体的名字由依赖包决定）；第二种形式是将导入的 pkg-b 包重新命名为 pkg_b_v2（导入包的名字只在当前文件空间有效，因此 pkg_b_v2 这个名字不会扩散到当前包的其他源文件）；第三种形式是将依赖包的公用符号直接导入当前文件的名字空间；第四种形式是导入依赖包触发其包的初始化动作，但是不导入任何符号到当前文件的名字空间。

以下代码是对导入声明的解析：

```
func main() {
    fset := token.NewFileSet()
    f, err := parser.ParseFile(fset, "hello.go", src, parser.ImportsOnly)
    if err != nil {
        log.Fatal(err)
    }

    for _, s := range f.Imports {
        fmt.Printf("import: name = %v, path = %#v\n", s.Name, s.Path)
    }
}

const src = `package foo
```

```
import "pkg-a"
import pkg_b_v2 "pkg-b"
import . "pkg-c"
import _ "pkg-d"
```

在使用 parser.ParseFile 函数解析文件时，采用的是 parser.ImportsOnly 模式，这样语法分析只会解析包声明和导入包的部分，其后的类型、常量、变量和函数的声明不会被解析。然后通过 ast.File 的 Imports 成员获取详细的导入信息（Imports 成员是根据 Decls 声明列表中的信息生成的）。

以上程序的输出结果如下：

```
import: name = <nil>, path = &ast.BasicLit{ValuePos:20, Kind:9, Value:"\"pkg-a\""}
import: name = pkg_b_v2, path = &ast.BasicLit{ValuePos:44, Kind:9, Value:"\"pkg-b\""}
import: name = ., path = &ast.BasicLit{ValuePos:61, Kind:9, Value:"\"pkg-c\""}
import: name = _, path = &ast.BasicLit{ValuePos:78, Kind:9, Value:"\"pkg-d\""}
```

其中，第一个导入语句的 Name 是 <nil>，表示采用的是依赖包原来的名字，其后的 3 个导入语句的 name 都和导入声明指定的名字一致。关于导入包内部各种对象详细的定义需要通过加载依赖包才能获取，而内置的一些函数需要手动和编译工具配合才能获取。

导入语句解析之后的语法树结构如图 5-1 所示。

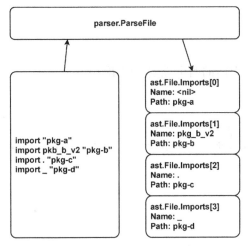

图 5-1　导入语句解析之后的语法树结构

在编译完整的程序时，我们可以根据导入包的路径加载其信息，通过导入后的 `Name` 访问依赖包中导出的公用符号。

5.2 类型声明

在 Go 语言中，通过 `type` 关键字声明类型的方式有两种：一种是声明新的类型，另一种是为已有的类型创建一个别名。

类型声明的语法规范如下：

```
TypeDecl = "type" ( TypeSpec | "(" { TypeSpec ";" } ")" ) .
TypeSpec = AliasDecl | TypeDef .

AliasDecl = identifier "=" Type .
TypeDef   = identifier Type .
Type      = identifier | "(" Type ")" .
```

其中，`TypeDecl` 定义了类型声明的语法规范，可以独立定义每个类型或通过圆括号按组定义；`AliasDecl` 是定义类型的别名（名字和类型中间有一个赋值符号）；`TypeDef` 则是定义一个新的类型；基础的 `Type` 就是由标识符或者圆括号括起来的其他类型的表示。

以下代码定义了一个新的 `MyInt1` 类型，同时为 `int` 类型创建了一个 `MyInt2` 的别名：

```
type MyInt1 int
type MyInt2 = int
```

然后通过以下代码解析上面的两个类型声明语句：

```
func main() {
    fset := token.NewFileSet()
    f, err := parser.ParseFile(fset, "hello.go", src, parser.AllErrors)
    if err != nil {
        log.Fatal(err)
    }
    ...
}
```

```
const src = `package foo
type MyInt1 int
type MyInt2 = int
`
```

返回的所有声明都在 f.Decls 列表中,而通用声明对应的是*ast.GenDecl 类型。这样我们就可以通过以下代码查看类型声明的 v.Specs 列表中每个元素的类型:

```
for _, decl := range f.Decls {
    if v, ok := decl.(*ast.GenDecl); ok {
        for _, spec := range v.Specs {
            fmt.Printf("%T\n", spec)
        }
    }
}
// Output:
// *ast.TypeSpec
// *ast.TypeSpec
```

经过运行测试,输出的是*ast.TypeSpec,对应类型声明在语法树中的节点类型。ast.TypeSpec 结构体定义如下:

```
type TypeSpec struct {
    Doc     *CommentGroup // associated documentation; or nil
    Name    *Ident        // type name
    Assign  token.Pos     // position of '=', if any
    Type    Expr          // *Ident, *ParenExpr, *SelectorExpr, *StarExpr, or any of the
                          // *XxxTypes
    Comment *CommentGroup // line comments; or nil
}
```

其中,最重要的是 TypeSpec.Name 成员,表示新声明类型的名字或者已有类型的别名;TypeSpec.Assign 成员对应赋值符号的位置,如果该成员表示的位置有效,则表示这是为已有类型定义一个别名(而不是定义新的类型);TypeSpec.Type 成员表示具体类型的表达式,包括标识符表达式、圆括号表达式、点选择表达式、指针表达式和类似*ast.XxxTypes 类型,目前展示的是最简单的可以用标识符表示的类型。

5.3 常量声明

在 Go 语言中,常量属于编译时常量,只有布尔型、数值型和字符串型 3 种类型,同时常量又分为弱类型常量和强类型常量。

常量声明的语法规范如下:

```
ConstDecl      = "const" ( ConstSpec | "(" { ConstSpec ";" } ")" ) .
ConstSpec      = IdentifierList [ [ Type ] "=" ExpressionList ] .

IdentifierList = identifier { "," identifier } .
ExpressionList = Expression { "," Expression } .
```

其中,`ConstDecl` 定义了常量声明的语法,Go 程序中的常量既可以单独声明,也可以使用圆括号分组声明。可以明确指定每个常量的运行时类型,也可以由初始化表达式推导出常量的类型。

以下代码展示了 `Pi` 和 `E` 这两个数值型常量:

```
const Pi = 3.14
const E float64 = 2.71828
```

其中,`Pi` 被定义为弱类型的浮点型常量,可以赋值给 `float32` 或 `float64` 类型的变量;而 `E` 被定义为 `float64` 的强类型常量,默认只能赋值给 `float64` 类型的变量。

常量声明和导入声明一样,同属于 `*ast.GenDecl` 类型的通用声明,它们的区别依然是在 `ast.GenDecl.Specs` 部分。我们可以使用同样的代码查看常量声明的 `v.Specs` 列表中每个元素的类型:

```
for _, decl := range f.Decls {
    if v, ok := decl.(*ast.GenDecl); ok {
        for _, spec := range v.Specs {
            fmt.Printf("%T\n", spec)
        }
    }
}
```

```
// Output:
// *ast.ValueSpec
// *ast.ValueSpec
```

这次输出的是 `*ast.ValueSpec` 类型,该类型的结构体定义如下:

```
type ValueSpec struct {
    Doc     *CommentGroup  // associated documentation; or nil
    Names   []*Ident       // value names (len(Names) > 0)
    Type    Expr           // value type; or nil
    Values  []Expr         // initial values; or nil
    Comment *CommentGroup  // line comments; or nil
}
```

因为 Go 语言支持多赋值语法,所以其中的 `Names` 和 `Values` 分别表示常量的名字和值列表,而 `Type` 部分用于区分常量是否指定了强类型(如例子中的 E 被定义为 `float64` 类型)。可以通过 `ast.Print(nil, spec)` 输出每个常量的语法树结构:

```
 0  *ast.ValueSpec {
 1  .  Names: []*ast.Ident (len = 1) {
 2  .  .  0: *ast.Ident {
 3  .  .  .  NamePos: 19
 4  .  .  .  Name: "Pi"
 5  .  .  .  Obj: *ast.Object {
 6  .  .  .  .  Kind: const
 7  .  .  .  .  Name: "Pi"
 8  .  .  .  .  Decl: *(obj @ 0)
 9  .  .  .  .  Data: 0
10  .  .  .  }
11  .  .  }
12  .  }
13  .  Values: []ast.Expr (len = 1) {
14  .  .  0: *ast.BasicLit {
15  .  .  .  ValuePos: 24
16  .  .  .  Kind: FLOAT
17  .  .  .  Value: "3.14"
18  .  .  }
19  .  }
20  }
```

```
 0  *ast.ValueSpec {
 1  .  Names: []*ast.Ident (len = 1) {
 2  .  .  0: *ast.Ident {
 3  .  .  .  NamePos: 35
 4  .  .  .  Name: "E"
 5  .  .  .  Obj: *ast.Object {
 6  .  .  .  .  Kind: const
 7  .  .  .  .  Name: "E"
 8  .  .  .  .  Decl: *(obj @ 0)
 9  .  .  .  .  Data: 0
10  .  .  .  }
11  .  .  }
12  .  }
13  .  Type: *ast.Ident {
14  .  .  NamePos: 37
15  .  .  Name: "float64"
16  .  }
17  .  Values: []ast.Expr (len = 1) {
18  .  .  0: *ast.BasicLit {
19  .  .  .  ValuePos: 47
20  .  .  .  Kind: FLOAT
21  .  .  .  Value: "2.71828"
22  .  .  }
23  .  }
24  }
```

可以发现，`*ast.ValueSpec`中的`Names`部分输出的就是普通的`*ast.Ident`标识符类型，其中包含常量的名字，而`Values`部分输出的`*ast.BasicLit`是基础字面值常量。比较特殊的是`E`常量对应的`*ast.ValueSpec`中携带了类型信息，在这个例子里是`float64`。

5.4 变量声明

变量声明的语法规范和常量声明的语法规范几乎是一样的，区别只是变量声明使用的关键字为`var`。

变量声明的语法规范如下：

```
VarDecl  = "var" ( VarSpec | "(" { VarSpec ";" } ")" ) .
VarSpec  = IdentifierList [ [ Type ] "=" ExpressionList ] .

IdentifierList = identifier { "," identifier } .
ExpressionList = Expression { "," Expression } .
```

变量声明和常量声明有相同的结构,在语法树中可以根据*ast.GenDecl结构体中的Tok区分它们。根据*ast.GenDecl结构体中的Tok可以区分所有的通用声明,包含导入声明、类型声明、常量声明和变量声明。

下面是构建变量声明语法树的例子:

```
func main() {
    fset := token.NewFileSet()
    f, err := parser.ParseFile(fset, "hello.go", src, parser.AllErrors)
    if err != nil {
        log.Fatal(err)
    }
    for _, decl := range f.Decls {
        if v, ok := decl.(*ast.GenDecl); ok {
            fmt.Printf("token: %v\n", v.Tok)
            for _, spec := range v.Specs {
                ast.Print(nil, spec)
            }
        }
    }
}

const src = `package foo
var Pi = 3.14
`
```

输出结果如下:

```
token: var
 0  *ast.ValueSpec {
 1  .  Names: []*ast.Ident (len = 1) {
 2  .  .  0: *ast.Ident {
 3  .  .  .  NamePos: 17
```

```
 4     . . . Name: "Pi"
 5     . . . Obj: *ast.Object {
 6     . . . . Kind: var
 7     . . . . Name: "Pi"
 8     . . . . Decl: *(obj @ 0)
 9     . . . . Data: 0
10     . . . }
11     . . }
12     . }
13     . Values: []ast.Expr (len = 1) {
14     . . 0: *ast.BasicLit {
15     . . . ValuePos: 22
16     . . . Kind: FLOAT
17     . . . Value: "3.14"
18     . . }
19     . }
20     }
```

首先输出的 `Tok` 值为 `var`，表示这是一个变量声明。其余的是代表变量声明的 `ast.ValueSpec` 结构体的各个字段，请读者结合例子仔细体会。

5.5 声明分组

声明分组的语法结构如下：

```
XxxDecl = "xxx" ( XxxSpec | "(" { XxxSpec ";" } ")" ) .
XxxSpec = ...
```

其中，`xxx` 表示声明开头的关键字。通用声明部分的导入声明、类型声明、常量声明和变量声明都支持声明分组的方式，但函数声明不支持声明分组的方式，因此声明部分将函数声明从通用声明独立出来处理。

以下示例定义了一个常量和两个变量，其中常量是独立声明的，两个变量是声明分组的：

```
const Pi = 3.14

var (
```

```
    a int
    b bool
)
```

以上代码对应的声明分组的逻辑结构如图 5-2 所示。

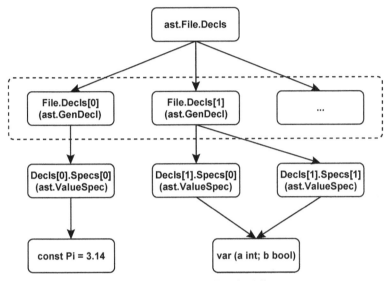

图 5-2　声明分组的逻辑结构

按照 Go 语言的语法规范，第一个出现的是 `const` 关键字，因此 `*ast.File.Decls` 的第一个元素是表示常量的 `*ast.GenDecl` 类型，其中 `Specs` 列表中只有一个元素，对应 `Pi` 常量。第二个出现的是 `var` 关键字，因此 `*ast.File.Decls` 的第二个元素是表示变量的 `*ast.GenDecl` 类型，其中 `Specs` 列表中有两个元素，分别对应 `a` 和 `b` 两个变量，`Specs` 列表的长度对应组声明中元素的个数。

5.6　小结

本章介绍了导入声明、类型声明、常量声明和变量声明 4 种通用声明对应的语法树结构，这些都是相对静态的语法构造。第 6 章将讨论重要的函数声明。

第 6 章

函数声明

函数在绝大多数语言中都是核心元素。与 Python 等语言一样，Go 语言中的函数是一种值数据，可以定义包级别的函数，也可以定义接口的方法，还可以在局部作用域内定义闭包函数。本章将首先介绍函数声明的语法规范，然后介绍函数声明和方法声明的异同，最后介绍参数列表和返回值列表。

6.1 语法规范

在顶级声明中包含函数和接口方法的声明，从语法角度看，函数是没有接收者参数的方法特例。

函数和接口方法的规范如下：

```
FunctionDecl = "func" MethodName Signature [ FunctionBody ] .
MethodDecl   = "func" Receiver MethodName Signature [ FunctionBody ] .

MethodName   = identifier .
```

```
Receiver     = Parameters .
Signature    = Parameters [ Result ] .
Result       = Parameters | Type .
Parameters   = "(" [ ParameterList [ "," ] ] ")" .
ParameterList = ParameterDecl { "," ParameterDecl } .
ParameterDecl = [ IdentifierList ] [ "..." ] Type .
```

其中，`FunctionDecl` 表示函数，`MethodDecl` 表示方法。`MethodDecl` 表示的方法规范比函数的多一个 `Receiver` 语法结构，`Receiver` 表示方法的接收者参数，`MethodName` 表示函数名或方法名，`Signature` 表示函数的签名（或者称为类型），最后是函数的主体。需要注意的是，函数的签名只有输入参数和返回值部分，因此函数或方法的名字以及函数的接收者类型都不是函数签名的组成部分。从以上定义还可以发现，`Receiver`、`Parameters` 和 `Result` 有相同的语法结构（在语法树中也有相同的结构）。

6.2 函数声明和方法声明

包级别函数只有包函数和方法两种类型（闭包函数只能在函数体内部创建）。包级别函数可以看作没有接收者的方法，因此只要搞明白方法的类型，全局的包函数自然就清楚了。

下面是一个方法的定义：

```
func (p *xType) Hello(arg1, arg2 int) (bool, error) { ... }
```

通过 `parser.ParseFile` 函数解析得到 `ast.File` 类型的返回值 `fn` 之后，可以通过以下代码输出方法声明：

```
for _, decl := range f.Decls {
    if fn, ok := decl.(*ast.FuncDecl); ok {
        ast.Print(nil, fn)
    }
}
```

函数声明对应 `ast.FuncDecl` 类型，它的定义如下：

```
type FuncDecl struct {
```

```
    Doc    *CommentGroup  // associated documentation; or nil
    Recv   *FieldList     // receiver (methods); or nil (functions)
    Name   *Ident         // function/method name
    Type   *FuncType      // function signature: parameters, results, and position of "func" keyword
    Body   *BlockStmt     // function body; or nil for external (non-Go) function
}
```

其中，`Recv` 对应接收者列表，在这里是指 `(p *xType)` 部分；`Name` 是方法的名字，这里的名字是 `Hello`；`Type` 表示方法或函数的类型，其中包含输入参数和返回值信息；`Body` 表示函数体中的语句部分，暂时忽略函数体部分。

函数声明最重要的是名字、接收者、输入参数和返回值，除名字之外的三者都是 `ast.FieldList` 类型，而输入参数和返回值又被封装为 `ast.FuncType` 类型。表示函数类型的 `ast.FuncType` 结构体的定义如下：

```
type FuncType struct {
    Func    token.Pos  // position of "func" keyword (token.NoPos if there is no "func")
    Params  *FieldList // (incoming) parameters; non-nil
    Results *FieldList // (outgoing) results; or nil
}
```

其中，`Params` 和 `Results` 分别表示输入参数和返回值列表，它们和函数的接收者列表具有相同的类型。因此，上文例子中的 `Hello` 方法的定义可以用图 6-1 表示。

对于没有接收者的包函数，`ast.FuncDecl.Recv` 部分为 `nil`；而对于方法，即使定义多个接收者，参数也是可以正确解析的。因此，合法的语法树不一定完全满足 Go 语言的语法规范，一般在语法树构建完成之后还需要专门进行语义分析。

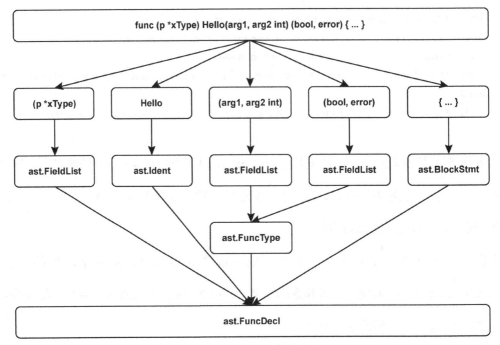

图 6-1　Hello 函数的定义

6.3　参数列表和返回值列表

Go 语言中方法的参数和返回值都可以有多个，多个参数组成了参数列表，多个返回值组成了返回值列表。方法的接收者列表可以视为只有一个元素的参数列表。

接收者列表、参数列表和返回值列表均由 ast.FieldList 定义，该结构体的定义如下：

```
type FieldList struct {
    Opening token.Pos // position of opening parenthesis/brace, if any
    List    []*Field  // field list; or nil
    Closing token.Pos // position of closing parenthesis/brace, if any
}
type Field struct {
    Doc     *CommentGroup // associated documentation; or nil
    Names   []*Ident      // field/method/parameter names; or nil
    Type    Expr          // field/method/parameter type
    Tag     *BasicLit     // field tag; or nil
    Comment *CommentGroup // line comments; or nil
}
```

`ast.FieldList` 是 `[]*ast.Field` 切片类型的再次包装，其中增加了开始和结束的位置信息。每个 `ast.Field` 表示一组参数，所有参数的名字由 `[]*ast.Ident` 切片表示，而同一组参数有相同的类型。`Type` 表示一组参数的类型，是一个类型表达式。例如：

```
func Hello1(s0, s1 string, s2 string)
```

其中，s0 省略了类型，和 s1 共享 string 类型，因此 s0 和 s1 是一组参数，对应一个 `ast.Field`；而 s2 是另一个独立的 `ast.Field`。

函数的接收者、输入和返回值参数均可以省略名字，如果省略了名字则使用后面第一次出现的类型。如果全部参数都省略了名字，那么每个参数就只有类型信息，函数体内部无法通过参数的名字访问参数。

6.4 小结

Go 语言定义函数时会同时声明函数，函数的声明对应语法树的 `ast.FuncDecl` 类型，其中包含函数的名字、输入参数、返回值和接收者的类型。函数类型也是基础类型的一部分，第 7 章将讨论如何通过基础类型构造更为复杂的类型。

第 7 章 复合类型

第 5 章已经简要介绍了各类型声明的语法规范，不过只讨论了基于标识符的简单声明。复合类型是指无法用一个标识符表示的类型，包含其他包中的基础类型（需要通过点号选择操作符）、指针类型、数组类型、切片类型、结构体类型、映射类型、管道类型、函数类型和接口类型，以及它们再次组合所产生的更复杂的类型。复合类型可以充分模拟 C++的类和对象，实现面向对象编程的功能。本章将探讨复合类型声明的语法和语法树的表示。

7.1 语法规范

与 5.2 节中介绍的类型声明相比，更为完整的类型声明的语法规范如下：

```
TypeDecl = "type" ( TypeSpec | "(" { TypeSpec ";" } ")" ) .
TypeSpec = AliasDecl | TypeDef .

AliasDecl = identifier "=" Type .
TypeDef   = identifier Type .
```

```
Type     = TypeName | TypeLit | "(" Type ")" .
TypeName = identifier | PackageName "." identifier .
TypeLit  = PointerType | ArrayType | SliceType
         | StructType | MapType | ChannelType
         | FunctionType | InterfaceType
         .
```

其中，增加的部分主要是 `TypeName` 和 `TypeLit`，`TypeName` 不仅可以从当前空间的标识符定义新类型，还支持从其他包导入的标识符定义新类型；而 `TypeLit` 表示类型的字面值，基于已有类型的指针和匿名的结构体都属于类型的字面值。

如 5.2 节所述，类型定义由 `*ast.TypeSpec` 结构体表示，复合类型也是如此。下面来回顾一下该结构体的定义：

```
type TypeSpec struct {
    Doc     *CommentGroup // associated documentation; or nil
    Name    *Ident        // type name
    Assign  token.Pos     // position of '=', if any; added in Go 1.9
    Type    Expr          // *Ident, *ParenExpr, *SelectorExpr, *StarExpr, or any of the
                          // *XxxTypes
    Comment *CommentGroup // line comments; or nil
}
```

其中，`Name` 成员表示该类型的名称，`Type` 通过特殊的类型表达式表示类型的定义，此外，如果 `Assign` 被设置，则表示声明的是类型的别名。

7.2 基础类型

基础类型是最简单的类型之一，就是基于已有的命名类型再次定义新类型，或者为已有命名的基础类型定义新的别名。

基础类型的语法规范比较简单，主要从 `Type` 部分推导而来：

```
TypeDecl = "type" ( TypeSpec | "(" { TypeSpec ";" } ")" ) .
TypeSpec = AliasDecl | TypeDef .
```

```
AliasDecl = identifier "=" Type .
TypeDef   = identifier Type .

Type      = identifier | PackageName "." identifier .
```

其中，`Type` 表示已有的命名类型，可以是当前包的类型，也可以是其他包的类型。

下面是基础类型的例子：

```
type Int1 int
type Int2 pkg.int
```

其中，`Int1` 类型是基于当前名字空间可以直接访问的 `int` 类型，而 `Int2` 类型是基于导入的 `pkg` 包中的 `int` 类型。

可以用以下代码解析上面的类型声明：

```
func main() {
    fset := token.NewFileSet()
    f, err := parser.ParseFile(fset, "hello.go", src, parser.AllErrors)
    if err != nil {
        log.Fatal(err)
    }

    for _, decl := range f.Decls {
        ast.Print(nil, decl.(*ast.GenDecl).Specs[0])
    }
}

const src = `package foo
type Int1 int
type Int2 pkg.int
`
```

解析第一个类型，输出如下：

```
0  *ast.TypeSpec {
1  .  Name: *ast.Ident {
2  .  .  NamePos: 18
3  .  .  Name: "Int1"
4  .  .  Obj: *ast.Object {
```

```
 5 . . .   Kind: type
 6 . . .   Name: "Int1"
 7 . . .   Decl: *(obj @ 0)
 8 . . }
 9 . }
10 . Assign: 0
11 . Type: *ast.Ident {
12 . . NamePos: 23
13 . . Name: "int"
14 . }
15 }
```

解析第二个类型，输出如下：

```
 0 *ast.TypeSpec {
 1 . Name: *ast.Ident {
 2 . . NamePos: 32
 3 . . Name: "Int2"
 4 . . Obj: *ast.Object {
 5 . . .   Kind: type
 6 . . .   Name: "Int2"
 7 . . .   Decl: *(obj @ 0)
 8 . . }
 9 . }
10 . Assign: 0
11 . Type: *ast.SelectorExpr {
12 . . X: *ast.Ident {
13 . . . NamePos: 37
14 . . . Name: "pkg"
15 . . }
16 . . Sel: *ast.Ident {
17 . . . NamePos: 41
18 . . . Name: "int"
19 . . }
20 . }
21 }
```

对比两个结果可以发现，Int1 的 Type 定义对应的是 *ast.Ident，表示一个标识符，而 Int2 的 Type 定义对应的是 *ast.SelectorExpr，表示其他包的命名类型。

ast.SelectorExpr 结构体定义如下：

```
type SelectorExpr struct {
    X   Expr    // expression
    Sel *Ident  // field selector
}
```

结构体 X 成员被定义为 Expr 接口类型，不过根据当前的语法，结构体 X 成员必须是一个标识符类型（之所以被定义为表达式接口，是因为其他的表达式会复用这个结构体）。Sel 成员被定义为标识符类型，表示被选择的标识符名字。

7.3 指针类型

指针是操作底层类型时最强有力的"武器"，只要有指针就可以操作内存上的所有数据。最简单的是一级指针，还可扩展出二级指针和更多级指针。

指针类型的语法规范如下：

```
PointerType = "*" BaseType .
BaseType    = Type .

Type        = TypeName | TypeLit | "(" Type ")" .
...
```

指针类型以星号（*）开头，后面是 BaseType 定义的类型表达式。从语法规范角度看，Go 语言没有显式定义多级指针，只有一种指向 BaseType 的一级指针。但是，PointerType 可以作为 TypeLit 类型字面值而被重新用作 BaseType，这就产生了多级指针的语法。

下面是一级指针语法树解析的例子：

```
func main() {
    fset := token.NewFileSet()
    f, err := parser.ParseFile(fset, "hello.go", src, parser.AllErrors)
    if err != nil {
        log.Fatal(err)
    }
```

```
    for _, decl := range f.Decls {
        ast.Print(nil, decl.(*ast.GenDecl).Specs[0])
    }
}

const src = `package foo
type IntPtr *int
`
```

解析其语法树,输出如下:

```
 0  *ast.TypeSpec {
 1  .  Name: *ast.Ident {
 2  .  .  NamePos: 18
 3  .  .  Name: "IntPtr"
 4  .  .  Obj: *ast.Object {
 5  .  .  .  Kind: type
 6  .  .  .  Name: "IntPtr"
 7  .  .  .  Decl: *(obj @ 0)
 8  .  .  }
 9  .  }
10  .  Assign: 0
11  .  Type: *ast.StarExpr {
12  .  .  Star: 25
13  .  .  X: *ast.Ident {
14  .  .  .  NamePos: 26
15  .  .  .  Name: "int"
16  .  .  }
17  .  }
18  }
```

新类型的名字依然是普通的 `*ast.Ident` 标识符类型,其值是新类型的名字 `IntPtr`。而 `ast.TypeSpec.Type` 成员是新的 `*ast.StarExpr` 类型,其结构体定义如下:

```
type StarExpr struct {
    Star token.Pos // position of "*"
    X    Expr     // operand
}
```

指针指向的 X 类型是一个递归定义的类型表达式。在这个例子中，X 就是一个 *ast.Ident 标识符类型表示的 int，因此 IntPtr 类型是一个指向 int 类型的指针类型。

指针是一种天然递归定义的类型。我们可以再定义一个指向 IntPtr 类型的指针，它是一个指向 int 类型的二级指针。但是，在表示语法树时，指向 IntPtr 类型的一级指针和指向 int 类型的二级指针的结构是不一样的，因为语法分析器会将 IntPtr 和 int 都作为普通类型同等对待（语法分析器只知道这是指向 IntPtr 类型的一级指针，而不知道它是指向 int 类型的二级指针）。

下面的例子是在 int 类型的基础上定义二级指针：

```
type IntPtrPtr **int
```

解析后语法树与前面的一级指针最大的差异在类型定义部分：

```
11  .  Type: *ast.StarExpr {
12  .  .  Star: 28
13  .  .  X: *ast.StarExpr {
14  .  .  .  Star: 29
15  .  .  .  X: *ast.Ident {
16  .  .  .  .  NamePos: 30
17  .  .  .  .  Name: "int"
18  .  .  .  }
19  .  .  }
20  .  }
```

现在 ast.StarExpr.X 不再是一个 *ast.Ident 标识符类型，而是 *ast.StarExpr 类型的指针类型。多级指针的 *ast.StarExpr 类型很像一个单向链表，其中 X 成员是被指向的类型的 *ast.StarExpr 节点，在当前这个多级指针的例子中，是低一级的指针类型，链表的尾节点是一个 *ast.Ident 标识符类型。

7.4 数组类型

在传统的 C/C++语言中，数组是与指针近似等同的类型，特别是在传递参数时它只传递数组的首地址。Go 语言的数组类型是一种值类型,每次传递数组参数或者赋值都是生成数组的副本。但是,从数组的语法规范角度看,它和指针类型也是非常相似的。

数组类型的语法规范如下:

```
ArrayType   = "[" ArrayLength "]" ElementType .
ArrayLength = Expression .
ElementType = Type .
```

在 Go 语言中,除了数组元素的类型,数组的长度也是其类型的组成部分,数组长度是由一个表达式定义的(在语义层面上这个表达式必须是常量)。如果抛开数组的长度部分的差异,数组类型和指针类型具有非常相似的语法结构。数组元素部分的 `ElementType` 类型也可以是数组,这构成了多级数组的语法规范。

下面是简单的一维整型数组的例子:

```
type IntArray [1]int
```

解析其语法树,输出如下:

```
 0  *ast.TypeSpec {
 1  .  Name: *ast.Ident {
 2  .  .  NamePos: 18
 3  .  .  Name: "IntArray"
 4  .  .  Obj: *ast.Object {
 5  .  .  .  Kind: type
 6  .  .  .  Name: "IntArray"
 7  .  .  .  Decl: *(obj @ 0)
 8  .  .  }
 9  .  }
10  .  Assign: 0
11  .  Type: *ast.ArrayType {
12  .  .  Lbrack: 27
13  .  .  Len: *ast.BasicLit {
14  .  .  .  ValuePos: 28
15  .  .  .  Kind: INT
16  .  .  .  Value: "1"
17  .  .  }
```

```
18  .  .  Elt: *ast.Ident {
19  .  .  .  NamePos: 30
20  .  .  .  Name: "int"
21  .  .  }
22  .  }
23  }
```

数组的类型主要由*ast.ArrayType 类型定义。数组的长度是一个*ast.BasicLit 类型的表达式，上例中为 1。数组元素的类型由*ast.Ident 类型的标识符表示，上例中为 int 类型。

ast.ArrayType 结构体定义如下：

```
type ArrayType struct {
    Lbrack token.Pos // position of "["
    Len    Expr      // Ellipsis node for [...]T array types, nil for slice types
    Elt    Expr      // element type
}
```

其中，ast.ArrayType.Len 成员是一个表示数组长度的表达式，该表达式必须可以产生常量的整数结果（也可以是用 3 个点表示的省略号，表示根据元素个数提取）。数组的元素类型由 ast.ArrayType.Elt 定义，其值对应一个类型表达式。和指针类型一样，数组类型也是可以递归定义的，数组的元素类型可以是数组、指针等任何类型。

同样，我们可以定义一个二维数组：

```
type IntArrayArray [1][2]int
```

解析其语法树，输出如下：

```
11  .  Type: *ast.ArrayType {
12  .  .  Lbrack: 32
13  .  .  Len: *ast.BasicLit {
14  .  .  .  ValuePos: 33
15  .  .  .  Kind: INT
16  .  .  .  Value: "1"
17  .  .  }
18  .  .  Elt: *ast.ArrayType {
19  .  .  .  Lbrack: 35
```

```
20 . . .     Len: *ast.BasicLit {
21 . . . .      ValuePos: 36
22 . . . .      Kind: INT
23 . . . .      Value: "2"
24 . . .     }
25 . . .     Elt: *ast.Ident {
26 . . . .      NamePos: 38
27 . . . .      Name: "int"
28 . . .     }
29 . .  }
30 .  }
```

这样，数组元素的类型就变成了嵌套的数组类型。一个 N 维数组类型的语法树类似于一个单向链表结构，最高维之下的 N−1 维的数组的元素也是 *ast.ArrayType 类型，最后的尾节点对应一个 *ast.Ident 标识符类型（也可以是其他字面值类型）。

7.5 切片类型

Go 语言中的切片是简化的数组，切片中引入了诸多数组不支持的语法。不过，对切片类型的定义来说，切片和数组的差异只是省略了数组的长度而已。

切片类型的语法规范如下：

```
SliceType   = "[" "]" ElementType .
ElementType = Type .
```

下面的示例定义了一个整型切片：

```
type IntSlice []int
```

解析其语法树，输出如下：

```
0  *ast.TypeSpec {
1  .  Name: *ast.Ident {
2  . .   NamePos: 18
3  . .   Name: "IntSlice"
4  . .   Obj: *ast.Object {
5  . . .    Kind: type
```

```
 6  . . .   Name: "IntSlice"
 7  . . .   Decl: *(obj @ 0)
 8  . . }
 9  . }
10  . Assign: 0
11  . Type: *ast.ArrayType {
12  . . Lbrack: 27
13  . . Elt: *ast.Ident {
14  . . . NamePos: 29
15  . . . Name: "int"
16  . . }
17  . }
18  }
```

切片和数组一样，也是通过 `ast.ArrayType` 结构体表示的，只是其 `Len` 成员为 `nil` 类型（切片定义时长度必须是 `nil`，如果是 0 则表示它是数组类型）。

7.6 结构体类型

结构体类型是数组类型的演进：数组是类型相同的元素的组合，通过下标来定位元素；而结构体是不同类型元素的组合，通过名字来定位元素。结构体类型这种可以组合异构类型元素的抽象能力极大地提升了数据结构编程的体验。

结构体类型的语法规范如下：

```
StructType     = "struct" "{" { FieldDecl ";" } "}" .
FieldDecl      = (IdentifierList Type | EmbeddedField) [ Tag ] .
EmbeddedField  = [ "*" ] TypeName .
Tag            = string_lit .

IdentifierList = identifier { "," identifier } .
TypeName       = identifier | PackageName "." identifier .
```

结构体通过 `struct` 关键字开始定义，然后在花括号中包含成员的定义。每个 `FieldDecl` 表示一组有相同类型和 `Tag` 字符串的标识符名字，或者嵌入的匿名类型/类型指针。以下是结构体的例子：

```
type MyStruct struct {
    a, b int "int value"
    string
}
```

其中，a 和 b 成员不仅有相同的 int 类型，还有相同的 Tag 字符串，最后的成员是嵌入的一个匿名的字符串。

解析其语法树，输出如下（为了简化，省略了一些无关的信息）：

```
11  . Type: *ast.StructType {
12  . . Struct: 27
13  . . Fields: *ast.FieldList {
14  . . . Opening: 34
15  . . . List: []*ast.Field (len = 2) {
16  . . . . 0: *ast.Field {
17  . . . . . Names: []*ast.Ident (len = 2) {
18  . . . . . . 0: *ast.Ident {
19  . . . . . . . NamePos: 37
20  . . . . . . . Name: "a"
21  . . . . . . . Obj: *ast.Object {...}
26  . . . . . . }
27  . . . . . . 1: *ast.Ident {
28  . . . . . . . NamePos: 40
29  . . . . . . . Name: "b"
30  . . . . . . . Obj: *ast.Object {...}
35  . . . . . . }
36  . . . . . }
37  . . . . . Type: *ast.Ident {
38  . . . . . . NamePos: 42
39  . . . . . . Name: "int"
40  . . . . . }
41  . . . . . Tag: *ast.BasicLit {
42  . . . . . . ValuePos: 46
43  . . . . . . Kind: STRING
44  . . . . . . Value: "\"int value\""
45  . . . . . }
46  . . . . }
47  . . . . 1: *ast.Field {
```

```
48  . . . . .   Type: *ast.Ident {
49  . . . . .   NamePos: 59
50  . . . . .   Name: "string"
51  . . . . }
52  . . . }
53  . . }
54  . .  Closing: 66
55  . . }
56  .  Incomplete: false
57  . }
```

所有的结构体成员由*ast.FieldList 表示，其中有两个*ast.Field 元素。第一个 *ast.Field 元素对应 a, b int "int value"的成员声明，包含成员名字列表、类型和 Tag 信息；第二个*ast.Field 元素是嵌入的 string 成员，只有类型信息而没有名字（匿名嵌入成员也可以单独定义 Tag 字符串）。

ast.StructType 等与结构体相关的语法树结构定义如下：

```
type StructType struct {
    Struct     token.Pos  // position of "struct" keyword
    Fields     *FieldList // list of field declarations
    Incomplete bool       // true if (source) fields are missing in the Fields list
}
type FieldList struct {
    Opening token.Pos // position of opening parenthesis/brace, if any
    List    []*Field  // field list; or nil
    Closing token.Pos // position of closing parenthesis/brace, if any
}
type Field struct {
    Doc     *CommentGroup // associated documentation; or nil
    Names   []*Ident      // field/method/parameter names; or nil
    Type    Expr          // field/method/parameter type
    Tag     *BasicLit     // field tag; or nil
    Comment *CommentGroup // line comments; or nil
}
```

StructType 中最重要的信息是 FieldList 类型的 Fields 成员声明列表信息。而每一组成员声明又由 ast.Field 表示,其中包含一组成员的名字、共享的类型和 Tag 字符串。需要注意的是,ast.Field 不仅用于表示结构体成员的语法树节点,也用于表示接口的方法列表、函数或方法的各种参数列表(接收者参数、输入参数和返回值),因此这是一个非常重要的类型。

7.7 映射类型

映射其实是从数组和结构体的混合类型发展而来的。映射支持根据元素的索引(也就是键)动态添加、删除元素,但是其中的所有元素必须有相同的类型。很多其他语言甚至用映射代替结构体和数组,例如,Lua 中以 Table 关联数组同时实现了数组和结构体的功能,而 JavaScript 中也通过类似于 Map 的对象来实现结构体。作为一门静态语言,Go 语言将映射直接作为语言内置的语法构造引入,这是一个比较大胆、激进的行为,但简化了相关数据结构的编程(因为内置的语法增加了部分泛型的功能,大大提升了编程体验)。

映射类型的语法规范比较简单,具体如下:

```
MapType = "map" "[" KeyType "]" ElementType .
KeyType = Type .
```

首先以 map 关键字开始,然后通过方括号包含键的类型,最后是元素的类型。需要注意的是,映射中的键必须是可进行相等比较的类型(典型的切片不能作为键类型),但是在语法树解析阶段并不会做这类检查。

下面是基于映射定义的新类型:

```
type IntStringMap map[int]string
```

解析其语法树,输出如下:

```
11  .  Type: *ast.MapType {
12  .  .  Map: 31
13  .  .  Key: *ast.Ident {
14  .  .  .  NamePos: 35
15  .  .  .  Name: "int"
```

```
16  .  .  }
17  .  .  Value: *ast.Ident {
18  .  .  .  NamePos: 39
19  .  .  .  Name: "string"
20  .  .  }
21  .  }
```

虽然映射功能强大，但是表示其类型的语法树比较简单。下面是 `ast.MapType` 语法树节点的定义：

```
type MapType struct {
    Map   token.Pos // position of "map" keyword
    Key   Expr
    Value Expr
}
```

其中，`Key` 和 `Value` 部分都是类型表达式，它们不仅可以是简单的基础类型，也可以是其他更复杂的组合类型。这个例子中的 `Key` 和 `Value` 分别是 `int` 和 `string` 类型。

7.8 管道类型

管道是 Go 语言中比较有特色的类型，管道有双向管道、只写管道和只读管道之分。管道类似于指针，有被指向的元素类型。

管道类型的语法规范如下：

```
ChannelType = ( "chan" | "chan" "<-" | "<-" "chan" ) ElementType .
```

在语法树中，管道类型由 `ast.ChanType` 结构体定义，`ast.ChanType` 结构体定义如下：

```
type ChanType struct {
    Begin token.Pos // position of "chan" keyword or "<-" (whichever comes first)
    Arrow token.Pos // position of "<-" (token.NoPos if there is no "<-"); added in Go 1.1
    Dir   ChanDir   // channel direction
    Value Expr      // value type
}

type ChanDir int
```

```
const (
    SEND ChanDir = 1 << iota
    RECV
)
```

其中，`ast.ChanType.Dir` 表示管道的方向，`SEND` 表示发送，`RECV` 表示接收，`SEND|RECV` 组合表示双向管道。下面的例子是一个双向的 `int` 管道：

```
type IntChan chan int
```

解析其语法树，输出如下：

```
11  .  Type: *ast.ChanType {
12  .  .  Begin: 26
13  .  .  Arrow: 0
14  .  .  Dir: 3
15  .  .  Value: *ast.Ident {
16  .  .  .  NamePos: 31
17  .  .  .  Name: "int"
18  .  .  }
19  .  }
```

其中，`ast.ChanType.Dir` 的值是 3，也就是 `SEND|RECV` 组合，表示这是一个双向管道；而 `ast.ChanType.Value` 部分表示管道值的类型，这里是一个 `ast.Ident` 表示的 `int` 类型。

7.9 函数类型

函数类型基本是函数签名部分，包含函数的输入参数和返回值类型。第 6 章讲过函数声明的语法规范，但是函数类型不包含函数的名字。

函数类型的语法规范如下：

```
FunctionType   = "func" Signature .
Signature      = Parameters [ Result ] .
Result         = Parameters | Type .
Parameters     = "(" [ ParameterList [ "," ] ] ")" .
ParameterList  = ParameterDecl { "," ParameterDecl } .
```

```
ParameterDecl  = [ IdentifierList ] [ "..." ] Type .
```

func 关键字后面直接是输入参数和返回值列表组成的函数签名，不包含函数的名字。下面是函数类型的一个例子：

```
type Func Typefunc(a, b int) bool
```

函数类型中类型部分也是由 ast.FuncType 结构体定义的。关于函数类型的细节请参考第 6 章。

7.10 接口类型

从语法结构角度看，接口类型和结构体类型很像，不过接口的每个成员都是函数类型。接口类型的语法规范如下：

```
InterfaceType      = "interface" "{" { MethodSpec ";" } "}" .
MethodSpec         = MethodName Signature | InterfaceTypeName .
MethodName         = identifier .
InterfaceTypeName  = TypeName .

Signature          = Parameters [ Result ] .
Result             = Parameters | Type .
```

接口中每个成员都是函数类型，但是函数类型部分不包含 func 关键字。下面是只有一个方法成员的接口：

```
type IntReader interface {
    Read() int
}
```

解析其语法树，输出如下：

```
11 .  Type: *ast.InterfaceType {
12 .  .  Interface: 28
13 .  .  Methods: *ast.FieldList {
14 .  .  .  Opening: 38
15 .  .  .  List: []*ast.Field (len = 1) {
```

```
16  . . . .  0: *ast.Field {
17  . . . . .  Names: []*ast.Ident (len = 1) {
18  . . . . . .  0: *ast.Ident {
19  . . . . . . .  NamePos: 41
20  . . . . . . .  Name: "Read"
21  . . . . . . .  Obj: *ast.Object {
22  . . . . . . . .  Kind: func
23  . . . . . . . .  Name: "Read"
24  . . . . . . . .  Decl: *(obj @ 16)
25  . . . . . . .  }
26  . . . . . .  }
27  . . . . .  }
28  . . . . .  Type: *ast.FuncType {
29  . . . . . .  Func: 0
30  . . . . . .  Params: *ast.FieldList {
31  . . . . . . .  Opening: 45
32  . . . . . . .  Closing: 46
33  . . . . . .  }
34  . . . . . .  Results: *ast.FieldList {
35  . . . . . . .  Opening: 0
36  . . . . . . .  List: []*ast.Field (len = 1) {
37  . . . . . . . .  0: *ast.Field {
38  . . . . . . . . .  Type: *ast.Ident {
39  . . . . . . . . . .  NamePos: 48
40  . . . . . . . . . .  Name: "int"
41  . . . . . . . . .  }
42  . . . . . . . .  }
43  . . . . . . .  }
44  . . . . . . .  Closing: 0
45  . . . . . .  }
46  . . . . .  }
47  . . . .  }
48  . . .  }
49  . . .  Closing: 52
50  . .  }
51  .  Incomplete: false
52  }
```

接口的语法树是 `*ast.InterfaceType` 类型，其 `Methods` 成员列表和结构体成员的

`*ast.FieldList` 类型一样。下面是 `ast.InterfaceType` 和 `ast.StructType` 语法树结构的定义：

```
type InterfaceType struct {
    Interface  token.Pos // position of "interface" keyword
    Methods    *FieldList // list of methods
    Incomplete bool       // true if (source) methods are missing in the Methods list
}
type StructType struct {
    Struct     token.Pos // position of "struct" keyword
    Fields     *FieldList // list of field declarations
    Incomplete bool       // true if (source) fields are missing in the Fields list
}
```

通过对比可以发现，接口和结构体语法树节点中只是方法列表和成员列表的名字不同，方法和成员都是由 `ast.FieldList` 定义的。因此上述的接口例子和下面的结构体例子其实非常相似：

```
type IntReader struct {
    Read func() int
}
```

如果是结构体，那么 `Read` 成员就是一个函数类型，函数是 `func() int` 类型。总之，在语法树层面上，接口和结构体可以采用相似的代码处理。

7.11 小结

复合类型最强大的地方是可以通过不同类型的组合生成更复杂的类型。我们需要先了解基于基础类型构造的复合类型，这样才能知道复合类型之间该如何组合。在掌握了基础类型和复合类型的语法树结构之后，我们就可以解析任意的复杂类型，也就很容易理解 Go 语言中反射的类型结构。无论是数据结构还是函数，都需要与类型关联，因此理解类型有助于把握整个程序的脉络。

第 8 章
更复杂的字面值

第 2 章已经介绍过整数字面值、浮点数字面值、复数字面值、符文字面值和字符串字面值等一些简单的基础字面值。字面值中除了基础字面值，还有函数字面值和复合字面值。复合字面值包括数组字面值、切片字面值、结构体字面值和映射字面值等。基础字面值、函数字面值和复合字面值一起构成 Go 语言完备的语法特性。本章讨论函数字面值和复合字面值的语法树表示。

8.1 语法规范

在 Go 语言规范文档中，完整的字面值语法由 Literal 定义，具体如下：

```
Literal      = BasicLit | CompositeLit | FunctionLit .

BasicLit     = int_lit | float_lit | imaginary_lit | rune_lit | string_lit .

CompositeLit = LiteralType LiteralValue .
LiteralType  = StructType | ArrayType | "[" "..." "]" ElementType |
               SliceType | MapType | TypeName .
LiteralValue = "{" [ ElementList [ "," ] ] "}" .
```

```
ElementList    = KeyedElement { "," KeyedElement } .
KeyedElement   = [ Key ":" ] Element .
Key            = FieldName | Expression | LiteralValue .
FieldName      = identifier .
Element        = Expression | LiteralValue .
```

其中，`BasicLit`是基础字面值，`CompositeLit`是复合字面值，`FunctionLit`是函数字面值。复合类型和函数类型在第 7 章和第 6 章中已经分别讨论过，而复合字面值和函数字面值正是在复合类型和函数类型的基础之上扩展而来的。

8.2 函数字面值

函数字面值不属于复合字面值，但是它们的定义非常相似。我们先看一下函数字面值。

函数字面值的语法规范如下：

```
FunctionLit    = "func" Signature FunctionBody .
```

函数字面值由`FunctionLit`定义，同样以`func`关键字开始，后面是函数签名（输入参数和返回值）和函数体。函数字面值和函数声明的最大差别是没有函数的名字。

我们从最简单的函数字面值开始：

```
func(){}
```

该函数字面值没有输入参数和返回值，函数体也没有任何语句，而且没有涉及上下文的变量引用，可以说是最简单的函数字面值。因为字面值也是一种表达式，所以可以用表达式的方式解析其语法树：

```
func main() {
    expr, _ := parser.ParseExpr(`func(){}`)
    ast.Print(nil, expr)
}
```

解析其语法树，输出如下：

```
 0  *ast.FuncLit {
 1  .  Type: *ast.FuncType {
 2  .  .  Func: 1
 3  .  .  Params: *ast.FieldList {
 4  .  .  .  Opening: 5
 5  .  .  .  Closing: 6
 6  .  .  }
 7  .  }
 8  .  Body: *ast.BlockStmt {
 9  .  .  Lbrace: 7
10  .  .  Rbrace: 8
11  .  }
12  }
```

函数字面值的语法树由 `ast.FuncLit` 结构体表示，其中由 `Type` 成员表示类型，`Body` 成员表示函数体语句。函数的类型和函数体分别由 `ast.FuncType` 和 `ast.BlockStmt` 结构体表示，它们和函数声明中的表示形式是一致的。

我们可以对比一下 `ast.FuncLit` 和 `ast.FuncDecl` 结构体：

```go
type FuncLit struct {
    Type *FuncType  // function type
    Body *BlockStmt // function body
}
type FuncDecl struct {
    Doc  *CommentGroup // associated documentation; or nil
    Recv *FieldList    // receiver (methods); or nil (functions)
    Name *Ident        // function/method name
    Type *FuncType     // function signature: parameters, results, and position of "func"
                       // keyword
    Body *BlockStmt    // function body; or nil for external (non-Go) function
}
```

通过对比可以发现，表示函数类型的 `Type` 成员和表示函数体语句的 `Body` 成员类型是一样的，但是 `FuncDecl` 函数声明比 `FuncLit` 函数字面值多了函数的名字和接收者参数列表等信息。因此如果理解了函数声明的完整结构，就可以用相似的方式处理函数类型和函数体语句。

需要注意的是，函数有字面值，但接口没有字面值，我们无法直接构造接口字面值。在需要通过字面值构造接口变量的地方，一般可以通过结构体等其他类型构造的字面值赋值给接口变量。

8.3　复合字面值的语法

复合字面值由类型和值组成，其语法规范如下：

```
CompositeLit = LiteralType LiteralValue .
LiteralType  = StructType | ArrayType | "[" "..." "]" ElementType |
               SliceType | MapType | TypeName .
LiteralValue = "{" [ ElementList [ "," ] ] "}" .
ElementList  = KeyedElement { "," KeyedElement } .
KeyedElement = [ Key ":" ] Element .
Key          = FieldName | Expression | LiteralValue .
FieldName    = identifier .
Element      = Expression | LiteralValue .
```

复合类型主要包含结构体、数组、切片和映射类型，此外还有基于这些类型命名的新类型。结构体字面值、数组字面值、切片字面值和映射字面值在 LiteralValue 定义，对应一个花括号构成的语法结构。在 LiteralValue 描述的复合字面值部分的花括号中，由一个可选的键和对应的值组成，其中值可以是基础字面值、生成值的表达式或者其他 LiteralValue 类型。

以下是结构体、数组、切片和映射类型常见的字面值语法：

```
[1]int{1}
[...]int{100:1,200:2}
[]int{1,2,3}
[]int{100:1,200:2}
struct {X int}{1}
struct {X int}{X:1}
map[int]int{1:1, 2:2}
```

其中，数组和切片各有两种字面值语法，一种是顺序指定初始值的列表，另一种是通过下标指定某个特定位置的初始值（两种格式可以混合使用）；结构体字面值可以省略全部成员的名字，也可以指定成员的名字；映射字面值必须完整指定键和对应的值。

复合字面值内元素的初始值可能是复合字面值，因此这也是一种递归语法结构。下面是一个嵌套复合类型的例子：

```
[]image.Point{
    image.Point{X: 1, Y: 2},
    {X: 3, Y: 4},
    5: {6, 7},
}
```

最外层是 image.Point 类型的切片，第一个元素通过完整的字面值语法 image.Point{X: 1, Y: 2} 指定初始值，第二个元素通过简化的 {X: 3, Y: 4} 语法初始化，第三个、第四个、第五个元素空缺，为零值，最后一个元素通过下标语法结合 {6, 7} 指定。需要注意的是，虽然字面值初始化有多种形式，但是在语法树中都是相似的，因此我们需要透过字面值的表象理解其语法树的本质。

复合字面值的语法树通过 ast.CompositeLit 表示：

```
type CompositeLit struct {
    Type       Expr        // literal type; or nil
    Lbrace     token.Pos   // position of "{"
    Elts       []Expr      // list of composite elements; or nil
    Rbrace     token.Pos   // position of "}"
    Incomplete bool        // true if (source) expressions are missing in the Elts list
}
```

其中，ast.CompositeLit.Type 对应复合类型的表达式，ast.CompositeLit.Elts 是复合类型初始元素列表。初始元素列表中可以是普通的值，也可以是键-值下标和值对，还可以是其他复合字面值。

8.4 数组字面值和切片字面值

数组字面值和切片字面值是在数组类型后面的花括号中包含数组的元素列表：

```
[...]int{1,2:3}
```

因为数组字面值也是一种表达式，所以可以直接通过解析表达式的方式生成语法树：

```
func main() {
    expr, _ := parser.ParseExpr(`[...]int{1,2:3}`)
    ast.Print(nil, expr)
}
```

解析其语法树，输出如下：

```
 0  *ast.CompositeLit {
 1  .  Type: *ast.ArrayType {
 2  .  .  Lbrack: 1
 3  .  .  Len: *ast.Ellipsis {
 4  .  .  .  Ellipsis: 2
 5  .  .  }
 6  .  .  Elt: *ast.Ident {
 7  .  .  .  NamePos: 6
 8  .  .  .  Name: "int"
 9  .  .  .  Obj: *ast.Object {
10  .  .  .  .  Kind: bad
11  .  .  .  .  Name: ""
12  .  .  .  }
13  .  .  }
14  .  }
15  .  Lbrace: 9
16  .  Elts: []ast.Expr (len = 2) {
17  .  .  0: *ast.BasicLit {
18  .  .  .  ValuePos: 10
19  .  .  .  Kind: INT
20  .  .  .  Value: "1"
21  .  .  }
22  .  .  1: *ast.KeyValueExpr {
23  .  .  .  Key: *ast.BasicLit {
24  .  .  .  .  ValuePos: 12
25  .  .  .  .  Kind: INT
26  .  .  .  .  Value: "2"
27  .  .  .  }
28  .  .  .  Colon: 13
```

```
29 . . . Value: *ast.BasicLit {
30 . . . . ValuePos: 14
31 . . . . Kind: INT
32 . . . . Value: "3"
33 . . . }
34 . . }
35 . }
36 . Rbrace: 15
37 . Incomplete: false
38 }
```

复合字面值的语法树由 `ast.CompositeLit` 结构体表示,其中 `ast.CompositeLit.Type` 成员为 `ast.ArrayType`,表示这是数组或切片类型(如果没有长度信息则为切片类型,否则为数组类型),而 `ast.CompositeLit.Elts` 成员是元素的值。初始元素是一个 `[]ast.Expr` 类型的切片,每个元素依然是一个表达式。数组的第一个元素是 `ast.BasicLit` 类型,表示这是一个基础字面值类型。数组的第二个元素是以 `ast.KeyValueExpr` 方式指定的,其中 `Key` 对应的数组下标是 1,`Value` 对应的值为 2。

数组和切片语法的最大差别是数组有长度信息。在这个例子中数组通过省略号(...)表达式自动计算长度,在语法树中对应的是 `ast.Ellipsis` 表达式类型。如果 `ast.ArrayType` 结构体中的 `Len` 成员是空指针,则表示这是一个切片类型,否则表示这是可以生成数组长度的表达式。

8.5 结构体字面值

结构体字面值和数组字面值类似,在结构体类型后面的花括号中包含结构体成员的初始值。下面是结构体字面值的例子:

```
struct{X int}{X:1}
```

可以通过以下代码解析其语法树:

```
func main() {
```

```
    expr, _ := parser.ParseExpr(`struct{X int}{X:1}`)
    ast.Print(nil, expr)
}
```

解析其语法树，输出如下：

```
 0  *ast.CompositeLit {
 1  .  Type: *ast.StructType {...}
32  .  Lbrace: 14
33  .  Elts: []ast.Expr (len = 1) {
34  .  .  0: *ast.KeyValueExpr {
35  .  .  .  Key: *ast.Ident {
36  .  .  .  .  NamePos: 15
37  .  .  .  .  Name: "X"
38  .  .  .  }
39  .  .  .  Colon: 16
40  .  .  .  Value: *ast.BasicLit {
41  .  .  .  .  ValuePos: 17
42  .  .  .  .  Kind: INT
43  .  .  .  .  Value: "1"
44  .  .  .  }
45  .  .  }
46  .  }
47  .  Rbrace: 18
48  .  Incomplete: false
49  }
```

结构体字面值依然是通过 ast.CompositeLit 结构体描述。结构体中成员的初始化通过 ast.KeyValueExpr 结构体进行，Key 部分为 X 成员的名字，Value 部分为 X 成员的初始值。

当然，结构体的初始化也可以不声明成员的名字：

```
func main() {
    expr, _ := parser.ParseExpr(`struct{X int}{1}`)
    ast.Print(nil, expr)
}
```

现在的初始化方式生成的语法树变得更简单：

```
33  .  Elts: []ast.Expr (len = 1) {
```

```
34 . . 0: *ast.BasicLit {
35 . . .    ValuePos: 15
36 . . .    Kind: INT
37 . . .    Value: "1"
38 . . }
39 . }
```

只有第 34 行的第 0 号元素这一个元素通过 ast.BasicLit 对应的基础字面值表示，对应结构体的第一个成员。

8.6 映射字面值

映射字面值的表示方式和按成员名字初始化结构体的字面值语法树基本一样：

```
func main() {
    expr, _ := parser.ParseExpr(`map[int]int{1:2}`)
    ast.Print(nil, expr)
}
```

输出语法树中的初始化值列表部分（`ast.CompositeLit.Elts`）：

```
18 . Elts: []ast.Expr (len = 1) {
19 . . 0: *ast.KeyValueExpr {
20 . . .    Key: *ast.BasicLit {
21 . . . .     ValuePos: 13
22 . . . .     Kind: INT
23 . . . .     Value: "1"
24 . . .    }
25 . . .    Colon: 14
26 . . .    Value: *ast.BasicLit {
27 . . . .     ValuePos: 15
28 . . . .     Kind: INT
29 . . . .     Value: "2"
30 . . .    }
31 . . }
32 . }
```

映射的初始值只能通过 ast.KeyValueExpr 对应的键值对表示。

8.7 小结

非基础字面值包含函数字面值和复合字面值。函数字面值和顶级函数声明有相似的语法，只是没有函数名部分，表示语法树的结构体都是一致的。而数组字面值、切片字面值、结构体字面值和映射字面值等复合类型的初始化语法也是高度一致的，其中只有映射字面值必须通过键值对初始化，其他复合类型同时支持键值对和顺序值列表初始化，因此，初始化值对应的语法树有 ast.KeyValueExpr 类型和普通的 ast.Expr 类型。至此，与数据相关的类型和值已经全部讨论完毕，可以在此基础之上构建数据的反射实现，也可以基于数据结构构建算法。类型和值是最基础的部分，因为它们是函数和变量的基础。

第 9 章 复合表达式

在第 2 章和第 3 章中我们已经见过一些简单的表达式，本章将讨论复合表达式，包含基于复合字面值以及由函数调用、点选择运算、索引运算、切片运算等相互组合而成的表达式。

9.1 表达式语法

简单来说，表达式是指所有可以产生一个值的语句的集合。

表达式的语法由 `PrimaryExpr` 定义：

```
PrimaryExpr = Operand
            | Conversion
            | MethodExpr
            | PrimaryExpr Selector
            | PrimaryExpr Index
            | PrimaryExpr Slice
            | PrimaryExpr TypeAssertion
            | PrimaryExpr Arguments
            .
```

```
Selector        = "." identifier .
Index           = "[" Expression "]" .
Slice           = "[" [ Expression ] ":" [ Expression ] "]"
                | "[" [ Expression ] ":" Expression ":" Expression "]" .

TypeAssertion   = "." "(" Type ")" .
Arguments       = "(" [ ( ExpressionList | Type [ "," ExpressionList ] ) [ "..." ] [ "," ] ]
                  ")" .
```

其中，`Operand` 是由一元或二元算术运算符组成的算术运算表达式；`Conversion` 是强制类型转换，形式和函数调用有一定的相似性；`MethodExpr` 是方法表达式；接着是点选择运算、索引运算、切片运算、类型断言和函数调用参数等。

9.2　类型转换和函数调用

二元算术运算符我们已经讲过，因此我们从类型转换和函数调用开始讨论。

类型转换和函数参数的语法规范如下：

```
Conversion = Type "(" Expression [ "," ] ")" .
Arguments  = "(" [ ( ExpressionList | Type [ "," ExpressionList ] ) [ "..." ] [ "," ] ]
             ")" .
```

需要注意的是，类型转换和只有一个参数的函数调用非常相似，但是类型转换以一个类型开始，而函数调用以一个函数开始。圆括号内是被转换的表达式。下面的例子是将 `x` 变量转换为 `int` 类型：

```
int(x)
```

如果 `int` 被重新定义为一个函数，那么类型转换就会变成函数调用。我们先看看类型转换的语法树是如何表示的：

```
func main() {
    expr, _ := parser.ParseExpr(`int(x)`)
    ast.Print(nil, expr)
}
```

解析其语法树，输出如下：

```
0  *ast.CallExpr {
1  .  Fun: *ast.Ident {
2  .  .  NamePos: 1
3  .  .  Name: "int"
4  .  .  Obj: *ast.Object {
5  .  .  .  Kind: bad
6  .  .  .  Name: ""
7  .  .  }
8  .  }
9  .  Lparen: 4
10 .  Args: []ast.Expr (len = 1) {
11 .  .  0: *ast.Ident {
12 .  .  .  NamePos: 5
13 .  .  .  Name: "x"
14 .  .  .  Obj: *(obj @ 4)
15 .  .  }
16 .  }
17 .  Ellipsis: 0
18 .  Rparen: 6
19 }
```

类型转换是用 `ast.CallExpr` 表示的，这说明在语法树中类型转换和函数调用的结构是完全一样的。这是因为在语法树解析阶段，解析器并不知道 `int(x)` 中的 `int` 是一个类型还是一个函数，所以无法知晓这是一个类型转换还是一个函数调用。

`ast.CallExpr` 结构体定义如下：

```
type CallExpr struct {
    Fun      Expr      // function expression
    Lparen   token.Pos // position of "("
    Args     []Expr    // function arguments; or nil
    Ellipsis token.Pos // position of "..." (token.NoPos if there is no "...")
    Rparen   token.Pos // position of ")"
}
```

其中，`Fun` 如果是类型表达式，则表示这是一个类型转换。`Fun` 之所以被定义为一个表达式，是因为 Go 语言中函数是第一类对象，可以像普通值一样被传递，通过表达式可以获取结构体、数组或映射中保存的函数。而 `Args` 部分表示要转型的表达式或者函数调用的参数列表。如果是函数调用，并且是可变参数调用，那么 `Ellipsis` 表示省略号位置（否则是一个无效的位置）。

9.3 点选择运算

点选择运算主要用于结构体选择其成员，或者对象选择其方法。

点选择运算的语法规范如下：

```
PrimaryExpr = PrimaryExpr Selector .
Selector    = "." identifier .
```

如果有表达式 x，则可以通过 x.y 访问其成员或方法。如果 x 是导入包，那么 x.y 的含义将变为标识符。同样，在语法树解析阶段无法区分是选择表达式还是导入包中的标识符。

解析 x.y 的语法树，输出如下：

```
 0  *ast.SelectorExpr {
 1  .  X: *ast.Ident {
 2  .  .  NamePos: 1
 3  .  .  Name: "x"
 4  .  .  Obj: *ast.Object {
 5  .  .  .  Kind: bad
 6  .  .  .  Name: ""
 7  .  .  }
 8  .  }
 9  .  Sel: *ast.Ident {
10  .  .  NamePos: 3
11  .  .  Name: "y"
12  .  }
13  }
```

其中，X 成员表示主体，Sel 是被选择的成员（也可能是其他包的标识符）。

`ast.SelectorExpr` 结构体定义如下：

```
type SelectorExpr struct {
```

```
    X   Expr    // expression
    Sel *Ident  // field selector
}
```

其中，X 被定义为 ast.Expr 表达式类型，Sel 是一个普通的标识符。

9.4 索引运算

索引运算主要用于数组、切片或映射选择元素，其语法规范如下：

```
PrimaryExpr = PrimaryExpr Index .
Index       = "[" Expression "]" .
```

索引运算的索引表达式包含在主体表达式后面的方括号中。同样，在语法树解析阶段无法区别索引运算主体的具体类型。

解析 x[y] 索引运算的语法树，输出如下：

```
 0  *ast.IndexExpr {
 1  .  X: *ast.Ident {
 2  .  .  NamePos: 1
 3  .  .  Name: "x"
 4  .  .  Obj: *ast.Object {
 5  .  .  .  Kind: bad
 6  .  .  .  Name: ""
 7  .  .  }
 8  .  }
 9  .  Lbrack: 2
10  .  Index: *ast.Ident {
11  .  .  NamePos: 3
12  .  .  Name: "y"
13  .  .  Obj: *(obj @ 4)
14  .  }
15  .  Rbrack: 4
16  }
```

其中，X 是主体表达式，其标识符是 x；而 Index 为索引表达式，在这个例子中是 y。

ast.IndexExpr 结构体定义如下：

```
type IndexExpr struct {
    X      Expr        // expression
    Lbrack token.Pos   // position of "["
    Index  Expr        // index expression
    Rbrack token.Pos   // position of "]"
}
```

其中，X 和 Index 成员都是表达式，需要根据上下文判断 X 表达式的类型才能决定 Index 索引表达式的类型。

9.5 切片运算

切片运算是在数组或切片基础上生成新的切片，其语法规范如下：

```
PrimaryExpr = PrimaryExpr Slice
Slice       = "[" [ Expression ] ":" [ Expression ] "]"
            | "[" [ Expression ] ":" Expression ":" Expression "]"
```

切片运算也是在一个主体表达式之后的方括号中表示，不过切片运算至少有一个冒号分隔符或者两个冒号分隔符。切片运算主要包含开始索引、结束索引和最大范围 3 个部分。

解析 x[1:2:3] 切片运算的语法树，输出如下：

```
 0  *ast.SliceExpr {
 1  .  X: *ast.Ident {
 2  .  .  NamePos: 1
 3  .  .  Name: "x"
 4  .  .  Obj: *ast.Object {
 5  .  .  .  Kind: bad
 6  .  .  .  Name: ""
 7  .  .  }
 8  .  }
 9  .  Lbrack: 2
10  .  Low: *ast.BasicLit {
11  .  .  ValuePos: 3
12  .  .  Kind: INT
13  .  .  Value: "1"
```

```
14  .  }
15  .  High: *ast.BasicLit {
16  .  .  ValuePos: 5
17  .  .  Kind: INT
18  .  .  Value: "2"
19  .  }
20  .  Max: *ast.BasicLit {
21  .  .  ValuePos: 7
22  .  .  Kind: INT
23  .  .  Value: "3"
24  .  }
25  .  Slice3: true
26  .  Rbrack: 8
27  }
```

切片运算通过 ast.SliceExpr 结构体表示，其中 X、Low、High、Max 分别表示切片运算的主体、开始索引、结束索引和最大范围。ast.SliceExpr 结构体定义如下：

```
type SliceExpr struct {
    X      Expr       // expression
    Lbrack token.Pos  // position of "["
    Low    Expr       // begin of slice range; or nil
    High   Expr       // end of slice range; or nil
    Max    Expr       // maximum capacity of slice; or nil
    Slice3 bool       // true if 3-index slice (2 colons present)
    Rbrack token.Pos  // position of "]"
}
```

其中，X、Low、High、Max 是我们已经熟悉的成员，都是表达式类型。另外，Slice3 用来标注第三个索引值是否存在（不过这个字段对语义没有影响，因为可以从 Max 成员推导出最大的容量信息）。

9.6 类型断言

类型断言负责判断一个接口对象是否满足另一个接口，或者接口持有的对象是不是一个确定的非接口类型。

类型断言的语法规范如下：

```
PrimaryExpr    = PrimaryExpr TypeAssertion .
TypeAssertion  = "." "(" Type ")" .
```

在主体表达式之后通过点选择一个类型，类型放在圆括号中间。

例如，`x.(y)` 就是将 x 表达式断言为 y 接口或 y 类型，解析其语法树，输出如下：

```
 0  *ast.TypeAssertExpr {
 1  .  X: *ast.Ident {
 2  .  .  NamePos: 1
 3  .  .  Name: "x"
 4  .  .  Obj: *ast.Object {
 5  .  .  .  Kind: bad
 6  .  .  .  Name: ""
 7  .  .  }
 8  .  }
 9  .  Lparen: 3
10  .  Type: *ast.Ident {
11  .  .  NamePos: 4
12  .  .  Name: "y"
13  .  .  Obj: *(obj @ 4)
14  .  }
15  .  Rparen: 5
16  }
```

断言运算由 `ast.TypeAssertExpr` 表示，其中 `X` 是接口表达式，`Type` 是要断言的类型表达式。`ast.TypeAssertExpr` 结构体的定义如下：

```
type TypeAssertExpr struct {
    X      Expr       // expression
    Lparen token.Pos  // position of "("
    Type   Expr       // asserted type; nil means type switch X.(type)
    Rparen token.Pos  // position of ")"
}
```

需要注意的是，`x.(type)` 也是一种特殊的类型断言，这时候 `ast.TypeAssertExpr.Type` 成员值为 `nil`，对应的是 `switch` 语句结构。

9.7 小结

本章介绍了基于各种基础类型、复合类型的各种表达式基础构件，通过组合这些基础构件就能产生各种复杂的表达式。最终将表达式的结果与赋值语句或控制流语句相结合，就可以改变程序的环境状态。而编程的本质就是通过语句改变成员的状态，然后根据不同的状态选择运行不同的语句。

第 10 章

语句块和语句

语句近似看作函数体内可独立运行的代码,语句块是由花括号定义的语句容器,语句块和语句只能在函数体内部定义。本章介绍语句块和语句的语法树构造。

10.1 语法规范

语句块和语句是在函数体部分定义的,函数体就是一个语句块。

语句块的语法规范如下:

```
FunctionBody = Block .

Block         = "{" StatementList "}" .
StatementList = { Statement ";" } .

Statement     = Declaration | LabeledStmt | SimpleStmt
              | GoStmt | ReturnStmt | BreakStmt | ContinueStmt | GotoStmt
              | FallthroughStmt | Block | IfStmt | SwitchStmt | SelectStmt | ForStmt
              | DeferStmt
              .
```

FunctionBody 函数体对应一个 Block 语句块。每个 Block 语句块内部由多个语句列表 StatementList 组成,每个语句之间通过分号分隔。语句又可分为声明语句、标签语句、普通表达式语句和其他诸多控制流语句。需要注意的是,Block 语句块也是一种合法的语句,因此函数体实际上是由 Block 组成的多叉树结构表示的,每个 Block 节点又可以递归保存其他可嵌套 Block 的控制流语句。

10.2 空语句块

一个最简单的函数不仅没有任何的输入参数和返回值,其函数体中也没有任何的语句。

下面的代码分析 func main() {} 函数体语法树结构:

```
func main() {
    fset := token.NewFileSet()
    f, err := parser.ParseFile(fset, "hello.go", src, parser.AllErrors)
    if err != nil {
        log.Fatal(err)
        return
    }

    ast.Print(nil, f.Decls[0].(*ast.FuncDecl).Body)
}

const src = `package pkgname
func main() {}
`
```

函数的声明由 ast.FuncDecl 结构体定义,其中的 Body 成员是 ast.BlockStmt 类型。ast.BlockStmt 类型的结构体的定义如下:

```
type Stmt interface {
    Node
    // contains filtered or unexported methods
}
type BlockStmt struct {
```

```
    Lbrace  token.Pos // position of "{"
    List    []Stmt
    Rbrace  token.Pos // position of "}"
}
```

语句由 `ast.Stmt` 接口表示，各种满足 `ast.Stmt` 接口的具体类型大多会以 `Stmt` 为后缀。其中 `BlockStmt` 语句块也是一种语句（`BlockStmt` 其实是一个语句容器），`List` 成员是一个 `[]ast.Stmt` 语句列表。

`func main() {}` 函数体部分输出的语法树结果如下：

```
0  *ast.BlockStmt {
1  .  Lbrace: 29
2  .  Rbrace: 30
3  }
```

这表示函数体中没有任何其他语句。

因为由花括号定义的语句块也是一种合法的语句，所以我们可以在函数体再定义任意多个空的语句块：

```
func main() {
    {}
    {}
}
```

再次解析函数体的语法树，输出如下：

```
0   *ast.BlockStmt {
1   .  Lbrace: 29
2   .  List: []ast.Stmt (len = 2) {
3   .  .  0: *ast.BlockStmt {
4   .  .  .  Lbrace: 32
5   .  .  .  Rbrace: 33
6   .  .  }
7   .  .  1: *ast.BlockStmt {
8   .  .  .  Lbrace: 36
9   .  .  .  Rbrace: 37
10  .  .  }
```

```
11  .  }
12  .  Rbrace: 39
13  }
```

其中，`List` 部分有两个新定义的语句块，每个语句块依然是 `ast.BlockStmt` 类型的。函数体中的语句块构成的语法树和类型中的语法树结构是很相似的，但是语句的语法树的最大特点是可以递归定义，而类型的语法树不能递归定义自身（在语义层面上禁止）。

10.3 表达式语句

实际上，空的语句块并不能算真正的语句，它只是在编译阶段定义新的变量作用域，并没有产生新的语句或计算。最简单的语句是表达式语句，不管是简单的表达式还是复杂的表达式，都可以作为一个独立的语句。

表达式语句的语法规范如下：

```
ExpressionStmt = Expression .
```

其实一个表达式语句对应一个表达式，而关于表达式的语法我们已经讲过。这里以一个简单的常量作为标识符来研究表达式语句的语法结构。下面是只有一个常量表达式语句的 main 函数：

```
func main() {
    42
}
```

解析其语法树，输出如下：

```
chai-mba:02 chai$ go run main.go
 0  *ast.BlockStmt {
 1  .  Lbrace: 29
 2  .  List: []ast.Stmt (len = 1) {
 3  .  .  0: *ast.ExprStmt {
 4  .  .  .  X: *ast.BasicLit {
 5  .  .  .  .  ValuePos: 32
 6  .  .  .  .  Kind: INT
```

```
 7  .  .  .  .  Value: "42"
 8  .  .  .  }
 9  .  .  }
10  .  }
11  .  Rbrace: 35
12  }
```

表达式语句由 `ast.ExprStmt` 结构体定义：

```
type ExprStmt struct {
    X Expr // expression
}
```

`ast.ExprStmt` 结构体只是 `ast.Expr` 表达式的再次包装，以满足 `ast.Stmt` 接口。因为 `ast.Expr` 表达式本身也是一个接口类型，所以可以包含任意复杂的表达式。表达式语句最终会产生一个值，但是表达式的值没有被赋值给变量，因此表达式的返回值会被丢弃。不过表达式中可能还有函数调用，而函数调用可能有其他操作，因此表达式语句常用于触发函数调用。

10.4 返回语句

表达式不仅可以作为独立的表达式语句，也是其他更复杂的控制流语句的组成单元。

返回语句是函数中很重要的控制流语句，其语法规范如下：

```
ReturnStmt     = "return" [ ExpressionList ] .
ExpressionList = Expression { "," Expression } .
```

返回语句以 `return` 关键字开始，后面跟着多个以逗号分隔的表达式，当然也可以没有返回值。下面例子表示在 `main` 函数中增加一个返回两个值的返回语句：

```
func main() {
    return 42, err
}
```

当然，按照 Go 语言规范，`main` 函数是没有返回值的，因此 `return` 语句也不能有返回值。

不过，我们目前还处在语法解析阶段，并不会检查返回语句和函数的返回值类型是否匹配，这种类型匹配检查要在语法树构建之后的语义分析阶段才会进行。

解析 main 函数体的语法树，输出如下：

```
 0  *ast.BlockStmt {
 1  .  Lbrace: 29
 2  .  List: []ast.Stmt (len = 1) {
 3  .  .  0: *ast.ReturnStmt {
 4  .  .  .  Return: 32
 5  .  .  .  Results: []ast.Expr (len = 2) {
 6  .  .  .  .  0: *ast.BasicLit {
 7  .  .  .  .  .  ValuePos: 39
 8  .  .  .  .  .  Kind: INT
 9  .  .  .  .  .  Value: "42"
10  .  .  .  .  }
11  .  .  .  .  1: *ast.Ident {
12  .  .  .  .  .  NamePos: 43
13  .  .  .  .  .  Name: "err"
14  .  .  .  .  }
15  .  .  .  }
16  .  .  }
17  .  }
18  .  Rbrace: 47
19  }
```

返回语句由 ast.ReturnStmt 类型表示，其中 Results 成员对应返回值列表，这里分别是基础的数值常量 42 和标识符 err。ast.ReturnStmt 结构体定义如下：

```
type ReturnStmt struct {
    Return  token.Pos // position of "return" keyword
    Results []Expr    // result expressions; or nil
}
```

其中，Return 成员表示 return 关键字的位置；Results 成员对应返回值的表达式列表，如果为 nil 则表示没有返回值。

10.5 声明语句

函数中除输入参数和返回值参数之外，还可以定义临时的局部变量来保存函数的状态。如果临时变量被闭包函数捕获，那么临时变量维持的函数状态将伴随闭包函数的整个生命周期。因此，声明变量和声明函数一样重要。声明局部变量的语法和声明顶级变量的语法是类似的：

```
Declaration  = ConstDecl | TypeDecl | VarDecl .
TopLevelDecl = Declaration | FunctionDecl | MethodDecl .
```

其中，`Declaration` 就是函数内部的声明语法，可以在函数内部声明常量、变量和类型，但是不能声明函数和方法。关于用 `TopLevelDecl` 定义顶级常量声明、变量声明和类型声明已经介绍过，这里以一个简单的例子展示在语句块中的变量声明：

```
func main() {
    var a int
}
```

在 `main` 函数内部定义一个 `int` 类型变量，这个语法格式和全局变量的定义是一样的。

解析其语法树，输出如下：

```
 0 *ast.BlockStmt {
 1 .  Lbrace: 29
 2 .  List: []ast.Stmt (len = 1) {
 3 .  .  0: *ast.DeclStmt {
 4 .  .  .  Decl: *ast.GenDecl {
 5 .  .  .  .  TokPos: 32
 6 .  .  .  .  Tok: var
 7 .  .  .  .  Lparen: 0
 8 .  .  .  .  Specs: []ast.Spec (len = 1) {
 9 .  .  .  .  .  0: *ast.ValueSpec {
10 .  .  .  .  .  .  Names: []*ast.Ident (len = 1) {
11 .  .  .  .  .  .  .  0: *ast.Ident {
12 .  .  .  .  .  .  .  .  NamePos: 36
13 .  .  .  .  .  .  .  .  Name: "a"
14 .  .  .  .  .  .  .  .  Obj: *ast.Object {...}
20 .  .  .  .  .  .  .  }
```

```
21  . . . . . .      }
22  . . . . . .      Type: *ast.Ident {
23  . . . . . .      .  NamePos: 38
24  . . . . . .      .  Name: "int"
25  . . . . . .      }
26  . . . . .        }
27  . . . .          }
28  . . . .          Rparen: 0
29  . . .            }
30  . .              }
31  .                }
32  .                Rbrace: 42
33  }
```

声明的变量在 `ast.DeclStmt` 结构体中表示，结构体定义如下：

```
type DeclStmt struct {
    Decl Decl // *GenDecl with CONST, TYPE, or VAR token
}
```

虽然 `Decl` 成员是 `ast.Decl` 类型的接口，但是注释已经明确表示只有常量、类型和变量几种声明，并不包含函数和方法的声明。因此，`Decl` 成员只能是 `ast.GenDecl` 类型的。

10.6 短声明语句和多赋值语句

函数内变量还可以采用短声明的方式。短声明语句的语法和多赋值语句的语法类似，它是在声明变量的同时进行多赋值初始化，变量的类型从赋值表达式自动推导。

短声明语句和多赋值语句的语法规范如下：

```
ShortVarDecl = IdentifierList ":=" ExpressionList .
Assignment   = ExpressionList assign_op ExpressionList .
```

其中，短声明语句的左边是一个标识符列表，而多赋值语句的左边是一个表达式列表。短声明语句和多赋值语句的右边都是一个表达式列表。

下面以短声明多个变量来展示短声明语句和多赋值语句的语法树：

```
func main() {
    a, b := 1, 2
}
```

解析其语法树，输出如下：

```
 0  *ast.BlockStmt {
 1  .  Lbrace: 29
 2  .  List: []ast.Stmt (len = 1) {
 3  .  .  0: *ast.AssignStmt {
 4  .  .  .  Lhs: []ast.Expr (len = 2) {
 5  .  .  .  .  0: *ast.Ident {
 6  .  .  .  .  .  NamePos: 32
 7  .  .  .  .  .  Name: "a"
 8  .  .  .  .  .  Obj: *ast.Object {
 9  .  .  .  .  .  .  Kind: var
10  .  .  .  .  .  .  Name: "a"
11  .  .  .  .  .  .  Decl: *(obj @ 3)
12  .  .  .  .  .  }
13  .  .  .  .  }
14  .  .  .  .  1: *ast.Ident {
15  .  .  .  .  .  NamePos: 35
16  .  .  .  .  .  Name: "b"
17  .  .  .  .  .  Obj: *ast.Object {
18  .  .  .  .  .  .  Kind: var
19  .  .  .  .  .  .  Name: "b"
20  .  .  .  .  .  .  Decl: *(obj @ 3)
21  .  .  .  .  .  }
22  .  .  .  .  }
23  .  .  .  }
24  .  .  .  TokPos: 37
25  .  .  .  Tok: :=
26  .  .  .  Rhs: []ast.Expr (len = 2) {
27  .  .  .  .  0: *ast.BasicLit {
28  .  .  .  .  .  ValuePos: 40
29  .  .  .  .  .  Kind: INT
30  .  .  .  .  .  Value: "1"
31  .  .  .  .  }
32  .  .  .  .  1: *ast.BasicLit {
33  .  .  .  .  .  ValuePos: 43
```

```
34 . . . . .   Kind: INT
35 . . . . .   Value: "2"
36 . . . .   }
37 . . .   }
38 . .   }
39 .   }
40 .   Rbrace: 45
41   }
```

短声明语句和多赋值语句都通过 `ast.AssignStmt` 结构体表示，其定义如下：

```
type AssignStmt struct {
    Lhs    []Expr
    TokPos token.Pos   // position of Tok
    Tok    token.Token // assignment token, DEFINE
    Rhs    []Expr
}
```

其中，`Lhs` 表示左边的表达式或标识符列表，而 `Rhs` 表示右边的表达式列表。短声明语句和多赋值语句通过 `Tok` 来进行区分。

10.7　if/else 分支语句

顺序语句、分支语句和循环语句是编程语言中 3 种基本的控制流语句。

`if` 语句的语法规范如下：

```
IfStmt = "if" [ SimpleStmt ";" ] Expression Block [ "else" ( IfStmt | Block ) ] .
```

分支由 `if` 关键字开始，首先是可选的 `SimpleStmt` 简单初始化语句（可以是局部变量短声明、赋值或表达式等语句），然后是 `if` 的条件表达式，最后是分支的主体部分。分支的主体 `Block` 为一个语句块，其中可以包含多个语句或嵌套其他语句块。同时 `if` 可以携带一个 `else` 分支，对应分支条件为假的情况。

以一个不带条件初始化的 `if/else` 语句为例：

```
func main() {
```

```
    if true {} else {}
}
```

解析其语法树，输出如下：

```
 0  *ast.BlockStmt {
 1  .  Lbrace: 29
 2  .  List: []ast.Stmt (len = 1) {
 3  .  .  0: *ast.IfStmt {
 4  .  .  .  If: 32
 5  .  .  .  Cond: *ast.Ident {
 6  .  .  .  .  NamePos: 35
 7  .  .  .  .  Name: "true"
 8  .  .  .  }
 9  .  .  .  Body: *ast.BlockStmt {
10  .  .  .  .  Lbrace: 40
11  .  .  .  .  Rbrace: 41
12  .  .  .  }
13  .  .  .  Else: *ast.BlockStmt {
14  .  .  .  .  Lbrace: 48
15  .  .  .  .  Rbrace: 49
16  .  .  .  }
17  .  .  }
18  .  }
19  .  Rbrace: 51
20  }
```

if 语句由 ast.IfStmt 结构体表示，其中的 Cond 为分支的条件表达式，Body 为分支的主体语句块，Else 为补充的语句块。ast.IfStmt 结构体的完整定义如下：

```
type IfStmt struct {
    If   token.Pos // position of "if" keyword
    Init Stmt      // initialization statement; or nil
    Cond Expr      // condition
    Body *BlockStmt
    Else Stmt      // else branch; or nil
}
```

其中，成员除了分支调整 Cond、主体块 Body、补充块 Else，还有用于初始化的 Init。需要注意的是，Init、Else 都被定义为 ast.Stmt 类型，而 Body 被明确定义为 ast.BlockStmt 类型——Init 和 Else 可为空，而 Body 不能为空。

10.8　for 循环

Go 语言中只有 for 语句这一种循环语句，并且 for 语句的语法非常复杂。

for 语句的语法规范如下：

```
ForStmt     = "for" [ Condition | ForClause | RangeClause ] Block .

Condition   = Expression .

ForClause   = [ InitStmt ] ";" [ Condition ] ";" [ PostStmt ] .
InitStmt    = SimpleStmt .
PostStmt    = SimpleStmt .

RangeClause = [ ExpressionList "=" | IdentifierList ":=" ] "range" Expression .
```

对应以下 4 种形式：

```
for i := 0; true; i++ {}
for true {}
for {}
for i, v := range m {}
```

其中，第一种是包含初始语句、条件语句、循环迭代语句的经典循环语句；第二种没有初始语句和循环迭代语句；第三种甚至连条件语句都没有（默认为 true）（第二种和第三种循环语句是第一种经典循环语句的特例）；第四种循环语句是一种新的循环结构，用于数组、切片和映射的迭代。以上 4 种循环语句可以归纳为以下 2 种：

```
for x; y; z {}
for x, y := range z {}
```

除映射只能通过 for range 迭代之外（如果借助标准包，可以通过 reflect.MapKeys 或 reflect.MapRange 等方式迭代循环映射），其他格式的循环都可以通过 for x; y; z {}

经典风格的循环替代。

我们先分析经典风格的 `for x; y; z {}` 循环：

```
func main() {
    for x; y; z {}
}
```

解析其语法树，输出如下：

```
 0  *ast.BlockStmt {
 1  .  Lbrace: 29
 2  .  List: []ast.Stmt (len = 1) {
 3  .  .  0: *ast.ForStmt {
 4  .  .  .  For: 32
 5  .  .  .  Init: *ast.ExprStmt {
 6  .  .  .  .  X: *ast.Ident {
 7  .  .  .  .  .  NamePos: 36
 8  .  .  .  .  .  Name: "x"
 9  .  .  .  .  }
10  .  .  .  }
11  .  .  .  Cond: *ast.Ident {
12  .  .  .  .  NamePos: 39
13  .  .  .  .  Name: "y"
14  .  .  .  }
15  .  .  .  Post: *ast.ExprStmt {
16  .  .  .  .  X: *ast.Ident {
17  .  .  .  .  .  NamePos: 42
18  .  .  .  .  .  Name: "z"
19  .  .  .  .  }
20  .  .  .  }
21  .  .  .  Body: *ast.BlockStmt {
22  .  .  .  .  Lbrace: 44
23  .  .  .  .  Rbrace: 45
24  .  .  .  }
25  .  .  }
26  .  }
27  .  Rbrace: 47
28  }
```

`ast.ForStmt` 结构体表示经典的 `for` 循环,其中 `Init`、`Cond`、`Post` 和 `Body` 分别对应初始化语句、条件语句、迭代语句和循环体语句。`ast.ForStmt` 结构体的定义如下:

```
type ForStmt struct {
    For  token.Pos  // position of "for" keyword
    Init Stmt       // initialization statement; or nil
    Cond Expr       // condition; or nil
    Post Stmt       // post iteration statement; or nil
    Body *BlockStmt
}
```

其中,`Cond` 部分必须是表达式,`Init` 和 `Post` 部分可以是普通语句(普通语句是短声明语句和多赋值语句等,不能包含分支等复杂语句)。

了解了经典风格的循环之后,我们再来看看最简单的 `for range` 循环:

```
func main() {
    for range ch {}
}
```

省略了循环中的 `Key` 和 `Value` 部分。解析其语法树,输出如下:

```
 0  *ast.BlockStmt {
 1  .  Lbrace: 29
 2  .  List: []ast.Stmt (len = 1) {
 3  .  .  0: *ast.RangeStmt {
 4  .  .  .  For: 32
 5  .  .  .  TokPos: 0
 6  .  .  .  Tok: ILLEGAL
 7  .  .  .  X: *ast.Ident {
 8  .  .  .  .  NamePos: 42
 9  .  .  .  .  Name: "ch"
10  .  .  .  }
11  .  .  .  Body: *ast.BlockStmt {
12  .  .  .  .  Lbrace: 45
13  .  .  .  .  Rbrace: 46
14  .  .  .  }
15  .  .  }
16  .  }
```

```
17   .  Rbrace: 48
18 }
```

for range 循环由 ast.RangeStmt 结构体表示，其完整定义如下：

```
type RangeStmt struct {
    For        token.Pos    // position of "for" keyword
    Key, Value Expr         // Key, Value may be nil
    TokPos     token.Pos    // position of Tok; invalid if Key == nil
    Tok        token.Token  // ILLEGAL if Key == nil, ASSIGN, DEFINE
    X          Expr         // value to range over
    Body       *BlockStmt
}
```

其中，Key 和 Value 对应循环时的迭代位置和值，X 是生成要循环对象的表达式（可能是数组、切片、映射和管道等），Body 表示循环体语句块。另外，Tok 可以区分 Key 和 Value 是多赋值语句还是短声明语句。

10.9 类型断言

与分支语句类似，类型识别也有两种：类型断言和类型 switch。类型断言类似于分支的 if 语句，而类型 switch 通过多个 if/else 组合类型断言就可以模拟出来。因此，我们重点学习类型断言部分。

类型断言的语法规范如下：

```
PrimaryExpr    = PrimaryExpr TypeAssertion .
TypeAssertion  = "." "(" Type ")" .
```

类型断言是在一个表达式之后加点和圆括号定义的，其中圆括号中的是期望查询的类型。从 Go 语言的语义角度看，类型断言开始的表达式必须产生一个接口类型的值。不过，在语法树阶段并不会做详细的语义检查。

下面的例子为在 main 函数中定义一个最简单的类型断言：

```
func main() {
```

```
    x.(int)
}
```

对 x 进行类型断言，如果成功则返回 x 中存储的 int 类型的值，如果失败则抛出异常。

解析其语法树，输出如下：

```
 0  *ast.BlockStmt {
 1  .  Lbrace: 29
 2  .  List: []ast.Stmt (len = 1) {
 3  .  .  0: *ast.ExprStmt {
 4  .  .  .  X: *ast.TypeAssertExpr {
 5  .  .  .  .  X: *ast.Ident {
 6  .  .  .  .  .  NamePos: 32
 7  .  .  .  .  .  Name: "x"
 8  .  .  .  .  }
 9  .  .  .  .  Lparen: 34
10  .  .  .  .  Type: *ast.Ident {
11  .  .  .  .  .  NamePos: 35
12  .  .  .  .  .  Name: "int"
13  .  .  .  .  }
14  .  .  .  .  Rparen: 38
15  .  .  .  }
16  .  .  }
17  .  }
18  .  Rbrace: 40
19  }
```

需要注意语法树的结构：ast.ExprStmt 结构体表示表达式语句，其中的 X 成员才是对应的类型断言表达式。类型断言由 ast.TypeAssertExpr 结构体表示，其定义如下：

```
type TypeAssertExpr struct {
    X       Expr      // expression
    Lparen  token.Pos // position of "("
    Type    Expr      // asserted type; nil means type switch X.(type)
    Rparen  token.Pos // position of ")"
}
```

其中，X 成员是类型断言的主体表达式（产生一个接口值）；Type 成员是类型的表达式，如果

Type 为 nil，则表示对应 x.(type) 形式的断言，这是类型 switch 中使用的形式。

10.10　go 语句和 defer 语句

go 语句和 defer 语句是 Go 语言中最有特色的语句，它们的语法结构也是非常相似的。

go 语句和 defer 语句的语法规范如下：

```
GoStmt    = "go" Expression .
DeferStmt = "defer" Expression .
```

简而言之，就是在 go 关键字和 defer 关键字后面跟一个表达式，不过这个表达式必须是函数或方法调用。go 语句和 defer 语句在语法树中分别以 ast.GoStmt 和 ast.DeferStmt 结构体定义：

```
type GoStmt struct {
    Go   token.Pos // position of "go" keyword
    Call *CallExpr
}
type DeferStmt struct {
    Defer token.Pos // position of "defer" keyword
    Call  *CallExpr
}
```

上述两个结构体都有一个 Call 成员，表示函数或方法调用。下面是一个具体的例子：

```
func main() {
    go hello("光谷码农")
}
```

解析其语法树，输出如下：

```
0  *ast.BlockStmt {
1  .  Lbrace: 29
2  .  List: []ast.Stmt (len = 1) {
3  .  .  0: *ast.GoStmt {
4  .  .  .  Go: 32
5  .  .  .  Call: *ast.CallExpr {
```

```
 6  . . . .   Fun: *ast.Ident {
 7  . . . .   .   NamePos: 35
 8  . . . .   .   Name: "hello"
 9  . . . .   }
10  . . . .   Lparen: 40
11  . . . .   Args: []ast.Expr (len = 1) {
12  . . . .   .   0: *ast.BasicLit {
13  . . . .   .   .   ValuePos: 41
14  . . . .   .   .   Kind: STRING
15  . . . .   .   .   Value: "\"光谷码农\""
16  . . . .   .   }
17  . . . .   }
18  . . . .   Ellipsis: 0
19  . . . .   Rparen: 55
20  . . . }
21  . . }
22  . }
23  . Rbrace: 57
24  }
```

除了 ast.GoStmt 结构体，Call 成员部分和表达式中函数调用的语法树结构完全一样。

10.11 小结

数据结构是程序状态的载体，语句是程序算法的灵魂。了解了语句的语法树之后，我们就可以基于语法树对代码做很多事情，如调试模式的 bug 检查、生成文档或生成特定平台的可执行代码等，甚至可以基于语法树解释执行 Go 语言程序。

第 11 章

类型检查

主流的编译器前端遵循词法分析、语法分析、语义分析等流程，然后才基于中间表示（intermediate representation，IR）的层层优化，最终产生目标代码。得到抽象语法树就表示完成了语法分析的工作。不过，在进行中间层优化和代码生成之前还需要对抽象语法树进行语义分析。语义分析需要更深入地理解代码的含义，例如，两个变量相加是否合法，外层作用域有多个同名的变量时如何选择等。本章将简单讨论 go/types 包的用法，展示如何通过该包实现语法树的类型检查功能。

11.1 语义错误

虽然 Go 语言是基于包和目录来组织代码的，但是 Go 语言在语法树解析阶段并不关心包之间的依赖关系。这是因为在语法树解析阶段并不对代码本身做语义检查，所以很多语法正确但是语义错误的代码也可以生成语法树。

我们来看下面这个例子：

```go
func main() {
    fset := token.NewFileSet()
    f, err := parser.ParseFile(fset, "hello.go", src, parser.AllErrors)
    if err != nil {
        log.Fatal(err)
    }
    ast.Print(fset, f)
}

const src = `package pkg

func hello() {
    var _ = "a" + 1
}
`
```

被解析代码的 `hello` 函数可以正常生成语法树,但 `hello` 函数中唯一的语句 `var _ = "a" + 1` 的语义却是错误的,因为 Go 语言中不能将一个字符串和一个数字相加。识别这种语义层面的错误是 `go/types` 包需要完成的工作。

11.2 go/types 包

`go/types` 包是 "Go 语言之父" 罗伯特·格瑞史莫(Robert Griesemer)(他发明了 Go 语言的接口等特性)开发的类型检查工具。该包从 Go 1.5 开始被添加到标准库,是 Go 语言自举过程中的一个额外成果。据说这个包是 Go 语言标准库中代码量最大的一个包,也是功能最复杂的一个包(在使用之前需要对 Go 语言语法树有一定的了解)。这里将使用 `go/types` 包来检查前面例子中的语法错误。

重新调整代码如下:

```go
func main() {
    fset := token.NewFileSet()
    f, err := parser.ParseFile(fset, "hello.go", src, parser.AllErrors)
    if err != nil {
```

```
        log.Fatal(err)
    }

    pkg, err := new(types.Config).Check("hello.go", fset, []*ast.File{f}, nil)
    if err != nil {
        log.Fatal(err)
    }

    _ = pkg
}

const src = `package pkg

func hello() {
    var _ = "a" + 1
}
`
```

在通过 `parser.ParseFile` 函数解析单个文件得到语法树之后,通过 `new(types.Config).Check` 方法来检查语法树中的语义错误。`new(types.Config)` 首先构造一个用于类型检查的配置对象,然后调用其唯一的 Check 方法检查语法树的语义。Check 方法的签名如下:

```
func (conf *Config) Check(path string, fset *token.FileSet, files []*ast.File, info *Info)
    (*Package, error)
```

其中,第一个参数表示要检查包的路径,第二个参数表示全部的文件集合(用于将语法树中元素的位置信息解析为文件名和行列号),第三个参数表示该包中所有文件对应的语法树,最后一个参数可用于存储检查过程中产生的分析结果。如果成功,该方法返回一个 `types.Package` 对象,表示当前包的信息。

运行这个程序将产生以下错误信息:

```
$ go run .
hello.go:4:10: cannot convert "a" (untyped string constant) to untyped int
```

错误信息提示在 `hello.go` 文件的第 4 行第 10 个字符位置的"a"字符串有语法错误,无法将字符串常量转化为 int 类型。这样我们就可以轻易定位代码中出现错误的位置和错误产生的原因。

11.3 跨包的类型检查

真实的代码总是由多个包组成的,而 go/parser 包只处理当前包,如何处理导入包的类型是一个重要问题。例如:

```go
package main

import "math"

func main() {
    var _ = "a" + math.Pi
}
```

这段代码导入的是 math 包,然后引用了其中的 math.Pi 元素。要验证当前代码的语义是否正确,需要先获取 math.Pi 元素的类型,因此要先处理包的导入问题。

如果依然采用 new(types.Config).Check 方法验证将得到以下的错误信息:

```
hello.go:3:8: could not import math (Config.Importer not installed)
```

产生这一错误的原因是,types.Config 类型的检查对象并不知道如何加载 math 包的信息。types.Config 对象的 Importer 成员负责导入依赖包,其定义如下:

```go
type Config struct {
    Importer Importer
}

type Importer interface {
    Import(path string) (*Package, error)
}
```

对于任何一个导入包都会调用 Import(path string) (*Package, error) 来加载导入信息,然后才能获取包中导出元素的信息。

对于标准库的 `math` 包，可以采用 `go/importer` 提供的默认包导入实现，代码如下：

```
// import "go/importer"
conf := types.Config{Importer: importer.Default()}
pkg, err := conf.Check("hello.go", fset, []*ast.File{f}, nil)
if err != nil {
    log.Fatal(err)
}
```

其中，`types.Config` 对象的 `Importer` 成员对应包导入对象，由 `importer.Default` 方法初始化。然后就可以正常处理输入代码。

不过，`importer.Default` 方法处理的是 Go 语义当前环境的代码结构。Go 语义代码结构是比较复杂的，其中包含标准库和用户的模块代码，每个包还可能启动了 CGO 特性。为了便于理解，我们可以手动构造一个简单的 `math` 包，包的导入过程也可以简化。

为了简化，我们继续假设每个包只有一个源代码文件。定义 `Program` 结构体，用来表示一个完整的程序对象，代码如下：

```
type Program struct {
    fs   map[string]string
    ast  map[string]*ast.File
    pkgs map[string]*types.Package
    fset *token.FileSet
}

func NewProgram(fs map[string]string) *Program {
    return &Program{
        fs:   fs,
        ast:  make(map[string]*ast.File),
        pkgs: make(map[string]*types.Package),
        fset: token.NewFileSet(),
    }
}
```

其中，`fs` 表示每个包对应的源代码字符串，`ast` 表示每个包对应的语法树，`pkgs` 表示经过语义检查的包对象，以上 3 个映射的索引都是包名字符串，`fset` 用于保存文件的位置信息。

首先为 `Program` 类型增加用于加载包的 `LoadPackage` 方法：

```go
func (p *Program) LoadPackage(path string) (pkg *types.Package, f *ast.File, err error) {
    if pkg, ok := p.pkgs[path]; ok {
        return pkg, p.ast[path], nil
    }

    f, err = parser.ParseFile(p.fset, path, p.fs[path], parser.AllErrors)
    if err != nil {
        return nil, nil, err
    }

    conf := types.Config{Importer: nil}
    pkg, err = conf.Check(path, p.fset, []*ast.File{f}, nil)
    if err != nil {
        return nil, nil, err
    }

    p.ast[path] = f
    p.pkgs[path] = pkg
    return pkg, f, nil
}
```

因为没有初始化 `types.Config` 的 `Importer` 成员，所以目前该方法只能加载没有导入其他包的叶子类型的包（`math` 包就是这种类型）。例如，叶子类型的 `math` 包被加载成功之后，会被记录到 `Program` 结构体的 `ast` 和 `pkgs` 成员中；然后，当后续在导入包时，如果发现其叶子类型已经被记录过，就可以复用这些信息。

因此，可以为 `Program` 类型实现 `types.Importer` 接口，该接口只有一个 `Import` 方法：

```go
func (p *Program) Import(path string) (*types.Package, error) {
    if pkg, ok := p.pkgs[path]; ok {
        return pkg, nil
    }
    return nil, fmt.Errorf("not found: %s", path)
}
```

现在 `Program` 类型实现了 `types.Importer` 接口，就可以用于 `types.Config` 的包加

载工作：

```go
func (p *Program) LoadPackage(path string) (pkg *types.Package, f *ast.File, err error) {
    // ...

    conf := types.Config{Importer: p} // 用 Program 作为包导入器
    pkg, err = conf.Check(path, p.fset, []*ast.File{f}, nil)
    if err != nil {
        return nil, nil, err
    }

    // ...
}
```

然后可以手动加载叶子类型的 math 包，再加载 main 包：

```go
func main() {
    prog := NewProgram(map[string]string{
        "hello": `
            package main
            import "math"
            func main() { var _ = 2 * math.Pi }
        `,
        "math": `
            package math
            const Pi = 3.1415926
        `,
    })

    _, _, err := prog.LoadPackage("math")
    if err != nil {
        log.Fatal(err)
    }

    pkg, f, err := prog.LoadPackage("hello")
    if err != nil {
        log.Fatal(err)
    }
}
```

这种依赖包的导入包的加载是递归的，因此可以在导入环节的 Import 方法中增加递归处理：

```
func (p *Program) Import(path string) (*types.Package, error) {
    if pkg, ok := p.pkgs[path]; ok {
        return pkg, nil
    }
    pkg, _, err := p.LoadPackage(path)
    return pkg, err
}
```

当 pkgs 成员没有包信息时，可以通过 LoadPackage 方法加载。如果 LoadPackage 方法要导入的包是非叶子类型的包，会再次递归回到 Import 方法。因为 Go 语言的语法禁止导入循环包，所以最终会在导入叶子类型的包的时刻由 LoadPackage 方法返回结束递归。当然，在真实的代码中，需要额外记录信息用于检查递归导入类型的错误。

这样就实现了支持递归包导入的功能，从而可以对任何一个加载的语法树进行完整的类型检查。

11.4 小结

类型系统是现代语言的核心，新型的编程语言都在尝试通过类型系统的创新将更多的运行时工作前移到运行前的静态检查阶段。静态类型检查不仅可以在编译时发现常见的错误，而且可以为进一步优化和分析提供更有价值的参考信息。Go 语言语法树只有结合类型信息之后才真正具有"灵魂"，第 12 章将继续讨论语法树中的语义信息。

第 12 章

语义信息

语义分析主要是根据名字确定对象的类型和值，分析表达式的类型和值。这些工作主要由 go/types 包负责解析完成。第 11 章已经展示过如何通过 go/types 包来完成类型检查工作，本章将继续讨论 go/types 包的使用方法。

12.1 名字空间

名字空间类似于一个容器，用于存放具名的对象。为了便于理解，我们构造 hello.go 作为例子：

```
package main

import "fmt"

const Pi = 3.14

func main() {
    for i := 2; i <= 8; i++ {
```

```
        fmt.Printf("%d*Pi = %.2f\n", i, Pi*float64(i))
    }
}
```

这是一个由文件构成的包,因此这些代码都在名为 main 的包中,同时在 main 的包名字空间中还有一个名为 hello.go 的文件名字空间。将包名字空间和文件名字空间分开是为了解决导入包的问题,Go 语言可以在不同的包中导入不同的文件,并且当前文件内导入的包不会对其他文件的名字空间产生影响。在文件名字空间内部,则是由 main 函数构成的函数名字空间,函数内部又有 for 循环构成的嵌套名字空间。

为了简化,我们对 fmt 包做了裁剪,在 fmt/print.go 文件中只有一个空的 Printf 函数:

```
package fmt

func Printf(format string, a ...interface{}) (n int, err error) {
    return
}
```

hello.go 和 fmt 包加上最外层的宇宙名字空间(Universe),各个名字空间的关系如图 12-1 所示。

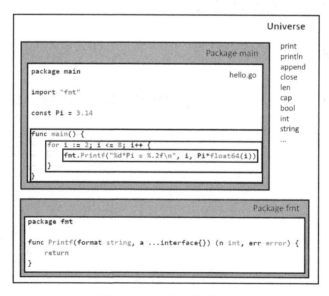

图 12-1　名字空间的关系

12.1 名字空间

从语义角度看，Go 语言通过嵌套的名字空间来管理具名对象，每个名字空间内部的命名必须是唯一的，但是不同的名字空间可以有相同名字的对象，并且内层具名对象可以覆盖外层同名的对象访问。最外层的名字空间是由 `types.Universe` 变量表示的宇宙空间（而 `println`/`len` 等内置的具名对象在宇宙名字空间中），在宇宙名字空间中有很多由包组成的同级别名字空间。包内部的文件名字空间比较特殊，属于半封闭的名字空间。不同文件中导入包的符号是独立的，但是同一个包内不同文件中新定义的具名对象必须在包一级是唯一的。

基于第 11 章提供的包导入实现，可以通过以下的代码输出名字空间树：

```go
func main() {
    prog := NewProgram(map[string]string{
        "hello.go": `
            package main

            import "fmt"

            const Pi = 3.14

            func main() {
                for i := 2; i <= 8; i++ {
                    fmt.Printf("%d*Pi = %.2f\n", i, Pi*float64(i))
                }
            }
        `,
        "fmt": `
            package fmt

            func Printf(format string, a ...interface{}) (n int, err error) {
                return
            }
        `,
    })

    pkg, _, err := prog.LoadPackage("hello.go")
    if err != nil {
        log.Fatal(err)
```

```
        }
        pkg.Scope().WriteTo(os.Stdout, 0, true)
        pkg.Scope().Parent().WriteTo(os.Stdout, 0, true)
}
```

其中，`pkg.Scope().WriteTo(os.Stdout, 0, true)` 语句的作用是输出当前包中的名字空间信息，内容如下：

```
package "hello.go" scope 0xc000043400 {
.  const hello.go.Pi untyped float
.  func hello.go.main()
.  hello.go scope 0xc0000434f0 {
.  .  package fmt
.  .  function scope 0xc000043a90 {
.  .  .  for scope 0xc000043ae0 {
.  .  .  .  var i int
.  .  .  .  block scope 0xc000043b80 {
.  .  .  .  }
.  .  .  }
.  .  }
.  }
}
```

这个名字空间的主体是由 `hello.go` 构造的包名字空间，当前包内定义的 `Pi` 浮点型常量和 `main` 函数等具名对象都在这个空间中。`hello.go` 文件还形成一个独立的名字空间，其中导入的 `fmt` 包只在当前的文件中有效，然后是由去掉了名字信息的函数构成的子名字空间。

Go 程序的每个包还有一个父名字空间，可以由 `pkg.Scope().Parent()` 获得。包的父名字空间其实也是名字空间树的根名字空间，也就是宇宙名字空间，也可以通过 `types.Universe` 访问。宇宙名字空间的输出如下：

```
universe scope 0xc0001000a0 {
.  builtin append
.  type bool
.  type byte
.  ...
}
```

宇宙名字空间中主要是由 `builtin` 包提供的内置具名对象，如 `append` 等内置的函数、`bool` 等内置的类型等。但宇宙名字空间中定义的名字，在包内部可能会被重新定义的同名对象覆盖。

12.2　整体架构

go/types 包的整体架构如图 12-2 所示。

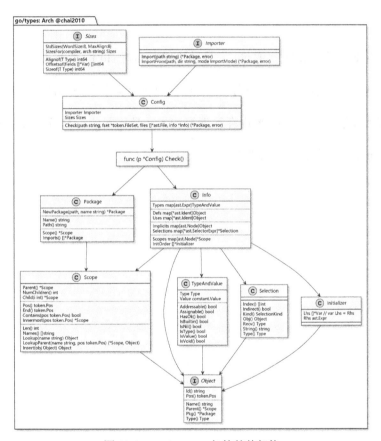

图 12-2　go/types 包的整体架构

首先通过 `types.Sizes` 对象指定机器字的宽度和对齐大小，然后通过 `types.Importer` 对象加载被导入的包。此时，基于 `types.Sizes` 和 `types.Importer` 对象初始化的 `types.Config` 对象就可以通过 Check 方法检查当前包的语义合法性。

检查完成之后，将输出*types.Package 和*types.Info 两个对象，前者表示经过验证的包（包的路径、名字等信息，以及包的名字空间树），后者表示当前包中所有标识符的定义信息和引用关系，以及所有表达式的类型和可能的常量值。

包中所有的具名对象，如包、常量、类型、变量、函数和标号等，都是通过 `types.Object` 接口表示的，然后可用类型断言的方式从 `types.Object` 接口对象获取其中具体的对象信息。

12.3 小结

go/types 包是一个非常重要的包，它是从语义层面对 Go 语言语法树的注解，是抽象语法树与静态单赋值等后端信息的纽带。go/types 包的底层实现也是非常有参考价值的部分，其中类型检查等很多算法和一些 GC 的内存管理算法本质是相同的。具备修改和定制 go/types 包的能力也是定制 Go 语言的一个必要条件。

第 13 章
静态单赋值形式

在本章中我们将探讨如何将 Go 语言的抽象语法树（abstract syntax tree，AST）转化为静态单赋值形式（static single assignment form）（简称 SSA 形式），然后通过 SSA 形式解释执行，最后简要介绍 go/ssa 包内部的重要数据结构之间的逻辑关系。

13.1 静态单赋值简介

静态单赋值（static single assignment，SSA）这一概念是在 1988 年由 Barry K. Rosen、Mark N. Wegman 和 F. Kenneth Zadeck 这 3 位研究人员提出的，然后 IBM 的研究人员提供了 SSA 形式的生成算法。SSA 通过限制变量的状态变化（单次赋值约束）来简化编译器的优化工作，目前几乎所有主流的编译器和解释器都对其提供了支持（如 GCC、Open64、LLVM 等编译器，以及 Java 和 Android 的虚拟机的 JIT 编译器，都提供了对 SSA 的支持），这是一种高效的代码优化技术。

针对 Go 语言的 SSA 特性的开发工作从 2015 年开始，在 2016 年下半年发布的 Go 1.7 和之后的 Go 1.8 中逐步提供基于 SSA 的性能优化。根据 Go 1.8 官方发布的日志，基于 SSA 的后端优化在某些平台带来了 20%～30% 的性能提升。基于标准库的 `go/ast`、`go/parser` 和 Go 1.5 中新增的 `go/types` 等 Go 语言语法树工具包，SSA 也被封装到 `go/ssa` 扩展包中。因此，我们可以很容易地从 Go 语言的语法树得到 SSA 形式，从而为下一步的优化或解释工作提供更多的选择。

13.2 生成静态单赋值

Go 语言语法树的解析是基于每个文件独立进行的，因此语法树解析阶段不会也无法进行语义分析。要进行语义分析则需要获取所有导入包的信息，语义分析是由 `go/types` 包完成的。经过 `go/types` 包语义分析之后的 `types.Package` 对象就可以进一步转换为 SSA 形式。

首先构造一个代码片段，对应要解析的 Go 文件：

```
const src = `
package main

var s = "hello ssa"

func main() {
    for i := 0; i < 3; i++ {
        println(s)
    }
}
`
```

为了简单起见，这段代码没有导入任何第三方的包，仅有一个全局变量和一个 `main` 函数。在 `main` 函数中，在 `for` 循环内通过内置的 `println` 函数输出字符串信息。可以通过以下方法解析语法树，并进行语义检查得到 `*types.Package`：

```
func main() {
    fset := token.NewFileSet()
    f, err := parser.ParseFile(fset, "hello.go", src, parser.AllErrors)
```

```go
    if err != nil {
        log.Fatal(err)
    }

    info := &types.Info{
        Types:      make(map[ast.Expr]types.TypeAndValue),
        Defs:       make(map[*ast.Ident]types.Object),
        Uses:       make(map[*ast.Ident]types.Object),
        Implicits:  make(map[ast.Node]types.Object),
        Selections: make(map[*ast.SelectorExpr]*types.Selection),
        Scopes:     make(map[ast.Node]*types.Scope),
    }

    conf := types.Config{Importer: nil}
    pkg, err := conf.Check("hello.go", fset, []*ast.File{f}, info)
    if err != nil {
        log.Fatal(err)
    }

    ...
```

因为没有导入其他包，所以 `types.Config` 并没有配置包导入器。`conf.Check` 方法返回的是经过语义检查的 `*types.Package` 类型的包对象。在语义检查的同时还会得到一个 `*types.Info` 类型的语义信息。

然后通过 `go/ssa` 包就可以将 `*types.Package` 转换为 `*ssa.Package` 形式：

```go
import (
    "golang.org/x/tools/go/ssa"
)

func main() {
    ...

    var ssaProg = ssa.NewProgram(fset, ssa.SanityCheckFunctions)
    var ssaPkg = ssaProg.CreatePackage(pkg, []*ast.File{f}, info, true)

    ssaPkg.Build()
```

```
ssaPkg.WriteTo(os.Stdout)
```

首先导入 go/ssa 包，然后通过 ssa.NewProgram 构造一个 SSA 程序对象 ssaProg，再向 ssaProg 程序对象中添加一个新的包，也就是经过语义检查的 *types.Package 形式的包，最后必须通过 ssaPkg.Build 方法显式构造 SSA 形式。

SSA 形式构造完成之后，可以通过 ssaPkg.WriteTo(os.Stdout) 输出基本信息。输出信息如下：

```
package hello.go:
  func  init        func()
  var   init$guard  bool
  func  main        func()
  var   s           string
```

通过分析输出信息可发现，除代码创建的 main 函数和全局变量 s 之外还有其他对象，其中 init 函数用于包初始化构造，init$guard 用于记录包初始化的完成状态。

SSA 形式主要用于表达函数内的指令。可以通过以下代码查看 init 和 main 函数的细节：

```
ssaPkg.Func("init").WriteTo(os.Stdout)
ssaPkg.Func("main").WriteTo(os.Stdout)
```

输出 init 函数的 SSA 形式如下：

```
# Name: hello.go.init
# Package: hello.go
# Synthetic: package initializer
func init():
0:                                                    entry P:0 S:2
        t0 = *init$guard                              bool
        if t0 goto 2 else 1
1:                                                    init.start P:1 S:1
        *init$guard = true:bool
        *s = "hello ssa":string
        jump 2
2:                                                    init.done P:2 S:0
        return
```

在 init 函数中生成的 SSA 代码中有 3 个基本代码块，其中第 0 个代码块是默认的函数入口块，根据 init$guard 全局状态避免重复初始化；第 1 个代码块负责具体的初始化工作，并在初始化完成之后修改表示初始化状态的全局变量；第 2 个代码块是函数出口块。

在 SSA 形式中所有的全局变量都是内存地址，因此 init$guard 是一个指向 bool 类型的指针，s 是一个指向字符串类型的指针。通过指针类似的语法和机制可以对全局变量进行读取和赋值，其中 t0 = *init$guard 表示将初始化状态读取到只能静态单次赋值的 t0 变量中，而*init$guard = true 和*s = "hello ssa"则是通过常量给指针指向的内存空间赋值。

在 init 函数中还出现了 if-goto-else、jump 和 return 等控制流语句。其中 if-goto-else 对应一个有条件跳转语句，根据从虚拟寄存器 t0 读取状态选择跳转到第 1 个代码块或第 2 个代码块。在第 1 个代码块出现的 jump 2 则是无条件跳转到第 2 个代码块。第 2 个代码块只有一个 return 语句，也就是函数返回。

如果用 Go 语言重写 SSA 形式的 init 函数，对应代码如下（SSA 形式的要点是每个局部变量只能被赋值一次）：

```
var init$guard = new(bool)
var s = new(string)

func init() {
L0:
    t0 := *init$guard
    if t0 { goto L2 } else { goto L1 }

L1:
    *init$guard = true
    *s = "hello ssa"
    goto L2

L2:
    return
}
```

在分析了 init 函数之后，我们再来看看 main 函数的 SSA 形式：

```
# Name: hello.go.main
# Package: hello.go
# Location: hello.go:4:6
func main():
0:                                                      entry P:0 S:1
        jump 3
1:                                                      for.body P:1 S:1
        t0 = *s                                                 string
        t1 = println(t0)                                        ()
        t2 = t3 + 1:int                                         int
        jump 3
2:                                                      for.done P:1 S:0
        return
3:                                                      for.loop P:2 S:2
        t3 = phi [0: 0:int, 1: t2] #i                           int
        t4 = t3 < 3:int                                         bool
        if t4 goto 1 else 2
```

SSA 形式已经没有循环结构，只有 jump、if-goto-else 等控制流语句，其中每个变量被初始化之后就不会再改变。

有了 SSA 形式之后，就可以进行更深度的优化和代码生成工作。

13.3 静态单赋值解释执行

SSA 是非常复杂的功能，为了方便调试，扩展包还提供了 SSA 解释执行的功能。因为解释器需要使用 runtime 包的运行时错误类型，所以我们需要手动导入 runtime 包。

解释器的 runtime 包是定制的，内容如下：

```
package runtime

type errorString string

func (e errorString) RuntimeError() {}
func (e errorString) Error() string { return "runtime error: " + string(e) }
```

```
type Error interface {
    error
    RuntimeError()
}
```

这个包主要提供了一个 `errorString` 类型，该类型实现了运行时错误。然后构造要分析的程序 `hello.go`：

```go
// hello.go
package main

func main() {
    for i := 0; i < 3; i++ {
        println(i, "hello chai2010")
    }
}
```

接着构造 SSA 生成代码：

```go
import (
    "golang.org/x/tools/go/ssa"
    "golang.org/x/tools/go/ssa/interp"
)

func main() {
    prog := NewProgram(map[string]string{
        "hello.go": `/* 包含前面的 hello.go 代码 */`,
        "runtime": `/* 包含前面的 runtime 代码 */`,
    })

    prog.LoadPackage("hello.go")
    prog.LoadPackage("runtime")

    var ssaProg = ssa.NewProgram(prog.fset, ssa.SanityCheckFunctions)
    var ssaMainPkg *ssa.Package

    for name, pkg := range prog.pkgs {
        ssaPkg := ssaProg.CreatePackage(pkg, []*ast.File{prog.ast[name]}, prog.infos[name], true)
```

```
        if name == "main" {
            ssaMainPkg = ssaPkg
        }
    }
    ssaProg.Build()

    ...
```

首先通过 `NewProgram` 构造辅助程序对象,然后通过 `prog.LoadPackage` 分别手动导入 `hello.go` 和 `runtime` 包,最后通过 `ssa.NewProgram` 转化为 SSA 形式,并通过 `ssaProg.Build` 生成 SSA 指令。

得到 SSA 指令之后就可以通过解释器执行:

```
    exitCode := interp.Interpret(
        ssaMainPkg, 0, &types.StdSizes{8, 8},
        "main", []string{},
    )
    if exitCode != 0 {
        fmt.Println("exitCode:", exitCode)
    }
}
```

`interp.Interpret` 函数的第一个参数是 SSA 形式的 `main` 包,最后一个参数是模拟命令行输入参数(这个例子不支持 `os.Args` 特性)。解释执行返回的状态如果为 0 则说明成功,否则说明失败。

下面是解释执行的输出结果:

```
0 hello chai2010
1 hello chai2010
2 hello chai2010
```

13.4　go/ssa 包的架构

go/ssa 包和 go/ast 包是等价的,因此它也和 go/ast 包一样复杂。go/ssa 包的整体架构如图 13-1 所示。

13.4 go/ssa 包的架构

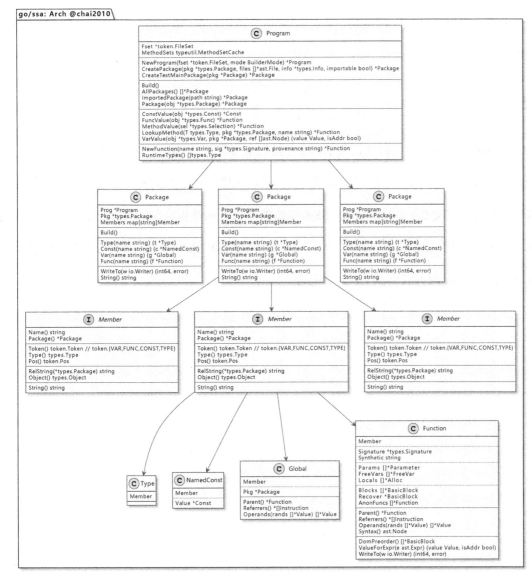

图 13-1　go/ssa 包的整体架构

在图 13-1 中，`Program` 表示整个程序对象，其中有很多 `Package` 表示包对象，每个 `Package` 中有许多 `Member` 对象，`Member` 是接口对象，可能由 `Type`（类型）、`NamedConst`（命名常量）、`Global`（全局变量）和 `Function`（函数）组成，其中 `Function` 是 SSA 指令的主体，由多个 `BasicBlock` 组成，每个 `BasicBlock` 则包含多条具体的 SSA 指令。

读者可以根据自己的兴趣挑战一下将 SSA 指令转化为本地机器码，这样就会得到一个完整的后端。

13.5 小结

静态单赋值形式更多是面向语句的，或者说它主要是针对 Go 函数的函数实现的语句。如果做一个类比，就是全局的导入包、类型、常量、变量和函数的声明方式不变，但是改用更像 LLVM 汇编语言的方式定义 Go 函数的实现，SSA 赋值的对象依然是更抽象的 Go 语言类型对象。总体来说，SSA 结构比 AST 结构更加扁平化，也更容易理解和处理。第 14 章将通过凹语言展示如何以解释执行 SSA 的方式定制 Go 脚本语言。

第 14 章

凹语言

本章将基于 Go 语言语法裁剪出一个极小子集——凹语言，并综合之前各章的内容，一步一步地介绍它的解释执行。

本章我们使用的技术方案是：使用 go/ssa 包将源代码转换为 SSA 形式，然后对其解释执行。与 13.3 节使用 go/ssa 包自带的函数（interp.Interpret）不同，我们将创建自己的解释执行器。

14.1 Hello，凹语言

我们依旧从简单的 "hello,world!" 例子开始介绍如何进行源代码的解释执行。

```
const src = `
package main

func main() {
    println("Hello, 凹语言! ")
}
```

```
func main() {
    fset := token.NewFileSet()
    f, err := parser.ParseFile(fset, "test.go", src, parser.AllErrors)
    if err != nil {
        log.Fatal(err)
    }

    info := &types.Info{
        Types:      make(map[ast.Expr]types.TypeAndValue),
        Defs:       make(map[*ast.Ident]types.Object),
        Uses:       make(map[*ast.Ident]types.Object),
        Implicits:  make(map[ast.Node]types.Object),
        Selections: make(map[*ast.SelectorExpr]*types.Selection),
        Scopes:     make(map[ast.Node]*types.Scope),
    }

    conf := types.Config{Importer: nil}
    pkg, err := conf.Check("test.go", fset, []*ast.File{f}, info)
    if err != nil {
        log.Fatal(err)
    }

    var ssaProg = ssa.NewProgram(fset, ssa.SanityCheckFunctions)
    var ssaPkg = ssaProg.CreatePackage(pkg, []*ast.File{f}, info, true)

    ssaPkg.Build()
    ssaPkg.Func("main").WriteTo(os.Stdout)
}
```

参照第 13 章的内容可知，上述程序分析了存储于 src 中的源代码，并输出了其中的 main 函数的 SSA 形式。

程序运行结果如下：

```
# Name: test.go.main
# Package: test.go
# Location: test.go:4:6
func main():
```

```
0:                                                                    entry P:0 S:0
        t0 = println("Hello,凹语言! ":string)                            ()
        return
```

接下来我们尝试从源代码入口（即 ssaPkg 的 main 函数开始）解释执行：

```
func runFunc(fn *ssa.Function) {
    fmt.Println("--- runFunc begin ---")
    defer fmt.Println("--- runFunc end ---")

    if len(fn.Blocks) > 0 {
        for blk := fn.Blocks[0]; blk != nil; {
            blk = runFuncBlock(fn, blk)
        }
    }
}
```

在 SSA 形式中，函数由多个代码块构成，代码块的运行顺序受分支指令控制。在本例中，main 函数只有一个代码块，因此我们创建一个简单的 runFuncBlock 函数：

```
func runFuncBlock(fn *ssa.Function, block *ssa.BasicBlock) (nextBlock *ssa.BasicBlock) {
    for _, ins := range block.Instrs {
        switch ins := ins.(type) {
        case *ssa.Call:
            doCall(ins)
        case *ssa.Return:
            doReturn(ins)
        default:
            doUnknown(ins)
        }
    }
    return nil
}

func doCall(ins *ssa.Call) {
    switch {
    case ins.Call.Method == nil:
        switch callFn := ins.Call.Value.(type) {
        case *ssa.Builtin:
            callBuiltin(callFn, ins.Call.Args...)
```

```
            default:
            }

        default:
        }
    }
```

doCall 用于执行具体的函数调用指令，为简单起见，这里只处理内置函数 println，并且只输出字符串常量，代码如下：

```
func callBuiltin(fn *ssa.Builtin, args ...ssa.Value) {
    switch fn.Name() {
    case "println":
        var buf bytes.Buffer
        for i := 0; i < len(args); i++ {
            if i > 0 {
                buf.WriteRune(' ')
            }
            switch arg := args[i].(type) {
            case *ssa.Const: // 处理常量参数
                if t, ok := arg.Type().Underlying().(*types.Basic); ok {
                    switch t.Kind() {
                    case types.String:
                        fmt.Fprintf(&buf, "%s", constant.StringVal(arg.Value))
                    default:
                        // 其他类型常量
                    }
                }
            default:
                // 暂不支持非常量参数
            }
        }
        buf.WriteRune('\n')
        os.Stdout.Write(buf.Bytes())

    default:
    }
}
```

至此，就可以解释执行 `ssaPkg` 的 `main` 函数了：

```
//...
ssaPkg.Build()
ssaPkg.Func("main").WriteTo(os.Stdout)

runFunc(ssaPkg.Func("main"))
```

加入 `runFunc(ssaPkg.Func("main"))` 后，上述程序的运行结果如下：

```
--- runFunc begin ---
Hello, 凹语言!
--- runFunc end ---
```

可见这一程序正确地识别并解释执行了 `src` 中的代码。如果我们试图输出整型数，在 `src` 代码的最后面增加一行代码：

```
const src = `
package main

func main() {
    println("Hello, 凹语言! ")
    println("The answer is:", 42)
}
`
```

那么，`callBuiltin` 函数中需要对应地增加对整型常量的支持：

```
            case *ssa.Const: // 处理常量参数
                if t, ok := arg.Type().Underlying().(*types.Basic); ok {
                    switch t.Kind() {
                    case types.Int, types.UntypedInt:     // 整型常量
                        fmt.Fprintf(&buf, "%d", int(arg.Int64()))
                    case types.String:                     // 字符串常量
                        fmt.Fprintf(&buf, "%s", constant.StringVal(arg.Value))
                    default:
                        // 其他类型常量
                    }
                }
```

更改后的程序运行结果如下：

```
--- runFunc begin ---
Hello，凹语言！
The answer is: 42
--- runFunc end ---
```

14.2 访问全局变量

14.1 节的例子仅能支持整型常量和字符串型常量的输出，接下来我们将对程序进行一些扩展，以使其能支持全局变量的读写。

先来看一个简单的例子：

```
const src = `
package main

var i int

func main() {
    i = 42
    println("The answer is:", i)
}
`
```

对于这段源代码，我们使用与 14.1 节一样的方法，输出其 package 及 main 函数的 SSA 形式：

```
func main() {
    fset := token.NewFileSet()
    f, err := parser.ParseFile(fset, "test.go", src, parser.AllErrors)
    ...
    ssaPkg.Build()
    ssaPkg.WriteTo(os.Stdout)
    ssaPkg.Func("main").WriteTo(os.Stdout)
    ...
}
```

将得到如下输出：

14.2 访问全局变量

```
package test.go:
  var   i           int
  func  init        func()
  var   init$guard  bool
  func  main        func()

# Name: test.go.main
# Package: test.go
# Location: test.go:6:6
func main():
0:                                                      entry P:0 S:0
      *i = 42:int
      t0 = *i                                                      int
      t1 = println("The answer is:":string, t0)                    ()
      return
```

main 函数中有一个代码块，其中依次包含 4 条指令。

（1）`*i = 42:int`：变量存储指令，即 `ssa.Store`。

（2）`t0 = *i`：一元运算指令，即 `ssa.UnOp`，结果存储于虚拟寄存器 `t0` 中。

（3）`t1 = println("The answer is:":string, t0)`：函数调用指令，即 `ssa.Call`，结果存储于虚拟寄存器 `t1` 中。

（4）`return`：返回指令，即 `ssa.Return`。

由此我们可以发现，即便是简单的全局变量读写，也需要解决以下问题。

（1）数据类型封装和变量的存取。

（2）虚拟寄存器以及函数栈帧环境。SSA 形式下变量访问通过虚拟寄存器中转，例如，本例中的 `t0` 及 `t1`。虚拟寄存器（以及局部变量）位于函数栈帧中，需要为其访问提供函数栈帧环境。

因此，在解释执行该代码块之前，我们需要做一些准备工作。

首先，我们创建一个名为 `watypes` 的包，将包括整数类型、浮点数类型、字符串类型在内的基本数据类型封装为 `Value` 接口：

```go
package watypes

import (
    "bytes"
    "fmt"
    "go/types"

    "golang.org/x/tools/go/ssa"
)

// 凹语言支持的值类型的抽象接口
type Value interface{}

// Load 返回地址 addr 处存储的 T 类型的值
func Load(T types.Type, addr *Value) Value {
    return *addr
}

// 将类型为 T 的值 v 存入地址 addr 中
func Store(T types.Type, addr *Value, v Value) {
    *addr = v
}

// 输出 Value 的可读字符串
func ToString(v Value) string {
    var b bytes.Buffer
    writeValue(&b, v)
    return b.String()
}
...
```

接下来，我们创建一个名为 waops 的包，用于执行 watypes.Value 的操作，其中包括以下操作。

（1）生成零值的操作，用于 watypes.Value 的零值初始化：

```go
package waops
// 生成零值
...
```

```
func Zero(t types.Type) watypes.Value {
    return zero(t)
}

func zero(t types.Type) watypes.Value {
    switch t := t.(type) {
    case *types.Basic:
        if t.Kind() == types.UntypedNil {
            panic("untyped nil has no zero value")
        }
        if t.Info()&types.IsUntyped != 0 {
            t = types.Default(t).(*types.Basic)
        }
        switch t.Kind() {
        case types.Bool:
            return false
        case types.Int:
            return int(0)
```
...

(2) 非、取反、指针等一元运算:

```
package waops
// 一元操作
...
func UnOp(instr *ssa.UnOp, x watypes.Value) watypes.Value {
    return unop(instr, x)
}

func unop(instr *ssa.UnOp, x watypes.Value) watypes.Value {
    switch instr.Op {
    case token.MUL: // 指针类型
        return watypes.Load(Deref(instr.X.Type()), x.(*watypes.Value))

    case token.NOT: // 非
        return !x.(bool)

    case token.SUB:
        switch x := x.(type) {
        case int:
```

```
        return -x
    case int8:
        return -x
    case int16:
        return -x
...
```

（3）从整数、浮点数、字符串等常量构造 Value 值的操作：

```
package waops
// 从常量构造值 Value
...
func ConstValue(c *ssa.Const) watypes.Value {
    return constValue(c)
}

func constValue(c *ssa.Const) watypes.Value {
    if c.IsNil() {
        return Zero(c.Type())
    }

    if t, ok := c.Type().Underlying().(*types.Basic); ok {
        switch t.Kind() {
        case types.String, types.UntypedString:
            if c.Value.Kind() == constant.String {
                return constant.StringVal(c.Value)
            }
            return string(rune(c.Int64()))
        case types.Bool, types.UntypedBool:
            return constant.BoolVal(c.Value)
...
```

为了便于日后扩展，我们创建一个名为 wabuiltin 的包，用于封装内置函数。在本节中，wabuiltin 包中只有一个 Print 函数，该函数用于输出类型为 watypes.Value 的参数数组：

```
package wabuiltin
...
func Print(fn *ssa.Builtin, args []watypes.Value) ssa.Value {
    ln := fn.Name() == "println"
    var buf bytes.Buffer
```

14.2 访问全局变量

```
    for i, arg := range args {
        if i > 0 && ln {
            buf.WriteRune(' ')
        }
        buf.WriteString(watypes.ToString(arg))
    }
    if ln {
        buf.WriteRune('\n')
    }

    os.Stdout.Write(buf.Bytes())
    return nil
}
```

接下来，我们在 main 包中定义名为 Engine 的结构体，用于管理 go/ssa 包、全局变量的读写以及零值初始化：

```
package main
...
type Engine struct {
    main     *ssa.Package
    initOnce sync.Once

    // 全局变量
    globals map[string]*watypes.Value
}

func NewEngine(mainpkg *ssa.Package) *Engine {
    p := &Engine{
        main:    mainpkg,
        globals: make(map[string]*watypes.Value),
    }
    return p
}

// 读全局变量
func (p *Engine) getGlobal(key *ssa.Global) (v *watypes.Value, ok bool) {
    v, ok = p.globals[key.RelString(nil)]
```

```
        return
    }

    // 设置全局变量
    func (p *Engine) setGlobal(key *ssa.Global, v *watypes.Value) {
        p.globals[key.RelString(nil)] = v
    }

    // 全局变量零值初始化
    func (p *Engine) initGlobals() *Engine {
        p.initOnce.Do(func() {
            for _, pkg := range p.main.Prog.AllPackages() {
                for _, m := range pkg.Members {
                    switch v := m.(type) {
                    case *ssa.Global:
                        cell := waops.Zero(waops.Deref(v.Type()))
                        p.setGlobal(v, &cell)
                    }
                }
            }
        })
        return p
    }
```

继续定义名为 Frame 的结构体，用于管理函数栈帧环境：

```
    type Frame struct {
        // 局部变量、虚拟寄存器等
        env map[ssa.Value]watypes.Value
    }

    func NewFrame() *Frame {
        f := &Frame{
            env: make(map[ssa.Value]watypes.Value),
        }
        return f
    }
```

在程序中读取一个值时，访问的有可能是全局变量、局部变量或虚拟寄存器，我们通过

14.2 访问全局变量

Engine 的 getValue 方法统一进行读取：

```go
// 读取值(nil/全局变量/虚拟寄存器等)
func (p *Engine) getValue(fr *Frame, key ssa.Value) watypes.Value {
    switch key := key.(type) {
    case *ssa.Global:
        if r, ok := p.getGlobal(key); ok {
            return r
        }
    case *ssa.Const:
        return waops.ConstValue(key)
    case nil:
        return nil
    }

    if r, ok := fr.env[key]; ok {
        return r
    }

    panic(fmt.Sprintf("get: no value for %T: %v", key, key.Name()))
}
```

然后，我们进入解释执行 SSA 代码块的部分：

```go
func (p *Engine) runFunc(fr *Frame, fn *ssa.Function) {
    fmt.Println("--- runFunc begin ---")
    defer fmt.Println("--- runFunc end ---")

    if len(fn.Blocks) > 0 {
        for blk := fn.Blocks[0]; blk != nil; {
            blk = p.runFuncBlock(fr, blk)
        }
    }
}

// 运行 Block
func (p *Engine) runFuncBlock(fr *Frame, block *ssa.BasicBlock) (nextBlock *ssa.BasicBlock) {
    for _, ins := range block.Instrs {
        switch ins := ins.(type) {
        case *ssa.Store:
```

```
                println("ssa.Store")
                watypes.Store(waops.Deref(ins.Addr.Type()), p.getValue(fr, ins.Addr).
(*watypes.Value), p.getValue(fr, ins.Val))

        case *ssa.UnOp:
                println("ssa.UnOp")
                fr.env[ins] = waops.UnOp(ins, p.getValue(fr, ins.X))

        case *ssa.Call:
                println("ssa.Call")
                args := p.prepareCall(fr, &ins.Call)
                fr.env[ins] = p.call(ins, args)
            }
        }
        return nil
}
```

runFuncBlock 方法根据指令类型执行相应的操作，这里我们仅处理 ssa.Store、ssa.UnOp 和 ssa.Call 这 3 种指令。在执行 ssa.Call 指令时，我们先调用 prepareCall 方法进行参数准备等操作，然后调用 call 方法运行函数：

```
func (p *Engine) prepareCall(fr *Frame, call *ssa.CallCommon) (args []watypes.Value) {
    // 转换参数并保存至 args, p.getValue 是核心方法
    for _, arg := range call.Args {
        args = append(args, p.getValue(fr, arg))
    }

    return
}

func (p *Engine) call(ins *ssa.Call, args []watypes.Value) watypes.Value {
    switch {
    case ins.Call.Method == nil: // 普通函数调用
        switch callFn := ins.Call.Value.(type) {
        case *ssa.Builtin:
            return callBuiltin(callFn, args)
        }
    }
```

```
        panic("Unknown call")
    }
```

至此，所有的准备工作皆已就绪，我们在 main 函数中运行：

```
p := NewEngine(ssaPkg)
p.initGlobals()

fr := NewFrame()

p.runFunc(fr, ssaPkg.Func("main"))
```

将得到以下输出：

```
--- runFunc begin ---
ssa.Store
ssa.UnOp
ssa.Call
The answer is: 42
--- runFunc end ---
```

14.3 调用自定义函数

14.2 节给出的代码虽然创建了栈帧环境，但细心的读者不难发现，它并不具备在 main 函数内调用非内置函数的功能，本节将着重解决这一问题，使我们的解释器支持自定义函数的调用。

我们先来看下面这段带有函数调用的源代码的 SSA 形式：

```
const src = `
package main

func showMeTheAnswer() int{
    return 42
}

func main() {
    println("The answer is:", showMeTheAnswer())
}
`
```

输出其 package 及 main 函数和 showMeTheAnswer 函数的 SSA 形式：

```
func main() {
    fset := token.NewFileSet()
    f, err := parser.ParseFile(fset, "test.go", src, parser.AllErrors)
    ...
    ssaPkg.Build()
    ssaPkg.WriteTo(os.Stdout)
    ssaPkg.Func("main").WriteTo(os.Stdout)
    ssaPkg.Func("showMeTheAnswer").WriteTo(os.Stdout)
    ...
}
```

将得到如下输出：

```
package test.go:
  func  init            func()
  var   init$guard      bool
  func  main            func()
  func  showMeTheAnswer func() int

# Name: test.go.main
# Package: test.go
# Location: test.go:8:6
func main():
0:                                                              entry P:0 S:0
    t0 = showMeTheAnswer()                                                int
    t1 = println("The answer is:":string, t0)                              ()
    return

# Name: test.go.showMeTheAnswer
# Package: test.go
# Location: test.go:4:6
func showMeTheAnswer() int:
0:                                                              entry P:0 S:0
    return 42:int
```

首先，我们修改 Frame 结构体的定义如下：

```
type Frame struct {
```

14.3 调用自定义函数

```
    // 局部变量、虚拟寄存器等
    env map[ssa.Value]watypes.Value
    // 返回值
    result watypes.Value
    // 当前块
    block *ssa.BasicBlock
    // 上一个块
    prevBlock *ssa.BasicBlock
}
```

与 14.2 节相比，新的 Frame 结构体增加了以下成员。

- result：当前帧的返回值。

- block：当前帧被运行的当前块。

- prevBlock：当前帧上一个被运行的块（用于流控制，将在 14.5 节用到）。

然后，我们修改 runFunc 方法如下：

```
func (p *Engine) runFunc(fn watypes.Value, args []watypes.Value) watypes.Value {
    if fn, ok := fn.(*ssa.Builtin); ok {
        return callBuiltin(fn, args)
    }

    if fn, ok := fn.(*ssa.Function); ok {
        fr := NewFrame()
        fr.block = fn.Blocks[0]
        // 函数的参数添加到上下文
        for i, p := range fn.Params {
            fr.env[p] = args[i]
        }

        for fr.block != nil {
            p.runFrame(fr) // 核心逻辑
        }

        return fr.result
    }

    panic(fmt.Sprintf("unknown function: %v", fn))
}
```

与 14.2 节相比，runFunc 方法有如下变化：

- 待运行的函数 fn 使用更抽象的 watypes.Value 类型，以兼容 print 等内置函数和非内置函数；当待运行的函数是内置函数时，直接调用它；
- 非内置函数在调用前，为其准备调用所需的栈帧环境，然后调用 runFrame 运行它。

要特别注意 fr.env[p] = args[i] 这一行，因为非内置函数需要解释执行，所以我们将参数以参数名为键存入了栈帧的局部变量环境中，这样函数在解释执行时就可以通过形参正确地读取参数值。

接下来，我们新建一个名为 runFrame 的方法，用于替代 14.2 节的 runFuncBlock 方法：

```
func (p *Engine) runFrame(fr *Frame) {
    for i := 0; i < len(fr.block.Instrs); i++ {
        switch ins := fr.block.Instrs[i].(type) {
        case *ssa.Store:
            watypes.Store(waops.Deref(ins.Addr.Type()), p.getValue(fr, ins.Addr).(*watypes.Value), p.getValue(fr, ins.Val))

        case *ssa.UnOp:
            fr.env[ins] = waops.UnOp(ins, p.getValue(fr, ins.X))

        case *ssa.Call:
            args := p.prepareCall(fr, &ins.Call)
            fr.env[ins] = p.runFunc(ins.Call.Value, args)

        case *ssa.Return:
            switch len(ins.Results) {
            case 0:
            case 1:
                fr.result = p.getValue(fr, ins.Results[0])
            default:
                panic("multi-return is not supported")
            }
            fr.block = nil
            return
        }
```

```
        }

        fr.block = nil
}
```

与之前的版本相比，`runFrame` 方法主要有以下改进：

- 使用 `Frame` 的 `block` 成员作为运行代码块入口；
- 当遇到 `ssa.Call` 指令时，调用 `runFunc` 方法，这样函数可以嵌套调用其他函数；
- 增加了对 `ssa.Return` 指令的支持，在遇到返回指令时，将返回值保存在 `Frame` 的 `result` 成员中。

> **提示** 该版本的 `runFrame` 方法运行完当前块后，会将 `Frame` 的 `block` 成员置空，因此，它实际上只会运行第一个代码块，该问题将在 14.5 节解决。

经过上述修改后，我们在 `main` 函数中运行：

```
p := NewEngine(ssaPkg)
p.initGlobals()

p.runFunc(ssaPkg.Func("main"), nil)
```

将得到以下输出：

```
The answer is: 42
```

由此可见，程序正确地识别并调用了自定义的 `showMeTheAnswer` 函数，输出了返回值。

14.4 四则运算

在 AST 的构建过程中，运算符优先级已经过处理，因此，有了 14.3 节的基础，我们很容易就可以增加对基础数值类型四则运算的支持。例如，对于以下源代码：

```
const src = `
package main
```

```
var i int

func add(i int, j int) int {
    return i + j
}

func main() {
    i = 24
    println("The answer is:", i + 3 * add(2, 4))
}
```

它的 SSA 形式如下：

```
package test.go:
  func  add        func(i int, j int) int
  var   i          int
  func  init       func()
  var   init$guard bool
  func  main       func()

# Name: test.go.main
# Package: test.go
# Location: test.go:10:6
func main():
0:                                                          entry P:0 S:0
      *i = 24:int
      t0 = *i                                                         int
      t1 = add(2:int, 4:int)                                          int
      t2 = 3:int * t1                                                 int
      t3 = t0 + t2                                                    int
      t4 = println("The answer is:":string, t3)                        ()
      return

# Name: test.go.add
# Package: test.go
# Location: test.go:6:6
func add(i int, j int) int:
0:                                                          entry P:0 S:0
      t0 = i + j                                                      int
```

```
        return t0
```

我们需要做的仅是增加对二元运算指令 `ssa.BinOp` 的支持。在 14.3 节的 `runFrame` 方法中增加下列分支：

```
...
        case *ssa.BinOp:
            fr.env[ins] = waops.BinOp(ins.Op, ins.X.Type(), p.getValue(fr, ins.X), p.getValue(fr, ins.Y))
...
```

并在 `waops` 包中增加 `BinOp` 等函数：

```
package waops
...
// 实现二元运算
func BinOp(op token.Token, t types.Type, x, y watypes.Value) watypes.Value {
    return binop(op, t, x, y)
}

func binop(op token.Token, t types.Type, x, y watypes.Value) watypes.Value {
    switch op {
    case token.EQL:
        return watypes.Equals(t, x, y)
    case token.NEQ:
        return !watypes.Equals(t, x, y)

    case token.ADD:
        switch x.(type) {
        case int:
            return x.(int) + y.(int)
        case int8:
            return x.(int8) + y.(int8)
...
```

相应地，在 `watypes` 包中增加 `Equals` 函数，用于判断是否相等：

```
package watypes
...
func Equals(t types.Type, x, y Value) bool {
```

```
    switch x := x.(type) {
    case bool:
        return x == y.(bool)
    case int:
        return x == y.(int)
    case int8:
        return x == y.(int8)
    case int16:
        return x == y.(int16)
...
```

经过上述改动后，我们在 main 函数中运行：

```
p := NewEngine(ssaPkg)
p.initGlobals()

p.runFunc(ssaPkg.Func("main"), nil)
```

将得到以下输出：

```
The answer is: 42
```

由此可见，复合调用 `println("The answer is:", i + 3 * add(2, 4))` 被正确运行了，SSA 形式的便利之处可见一斑。

14.5 分支控制

在前几节中，我们运行一个函数调用时，都只是调用了它的第一个代码块，因此并不能正确处理带有分支控制的多代码块情况，本节将解决这一问题。

我们依旧先看下面这段带分支的代码：

```
const src = `
package main

func add(i int, j int) int {
    return i + j
}
```

14.5 分支控制

```
func main() {
    if add(3, 5) < 9 {
        println("branch 0")
    } else {
        println("branch 1")
    }
}
```

其 main 函数的 SSA 形式如下：

```
func main():
0:                                              entry P:0 S:2
    t0 = add(3:int, 5:int)                      int
    t1 = t0 < 9:int                             bool
    if t1 goto 1 else 3
1:                                              if.then P:1 S:1
    t2 = println("branch 0":string)             ()
    jump 2
2:                                              if.done P:2 S:0
    return
3:                                              if.else P:1 S:1
    t3 = println("branch 1":string)             ()
    jump 2
```

其中包含 2 个分支，由 4 个代码块组成，分支逻辑通过 ssa.If 和 ssa.Jump 指令实现。

14.3 节提到，runFunc 的设计逻辑是反复调用 runFrame 方法运行 fr.block（当前栈帧的当前代码块）直至 fr.block 为空，因此针对上述 SSA 形式，我们可以在 runFrame 方法中增加对 ssa.If 和 ssa.Jump 的支持，具体代码如下：

```
func (p *Engine) runFrame(fr *Frame) {
    for i := 0; i < len(fr.block.Instrs); i++ {
        switch ins := fr.block.Instrs[i].(type) {
...
        case *ssa.If:
            if p.getValue(fr, ins.Cond).(bool) {
                println("if:true, goto block:", fr.block.Succs[0].String())
                fr.prevBlock, fr.block = fr.block, fr.block.Succs[0] // true
```

```
            } else {
                println("if:false, goto block:", fr.block.Succs[1].String())
                fr.prevBlock, fr.block = fr.block, fr.block.Succs[1] // false
            }
            return

        case *ssa.Jump:
            println("jump to block:", fr.block.Succs[0].String())
            fr.prevBlock, fr.block = fr.block, fr.block.Succs[0]
            return
```

在上述处理过程中，通过更改 fr.block 达到了分支控制的目的。程序运行后将得到以下输出：

```
if:true, goto block: 1
branch 0
jump to block: 2
```

由此可见，引擎切换了分支，输出了正确的结果。

在上面的例子中，分支内部不包含赋值语句，而当某个变量的值取决于具体运行哪个分支时，我们会遇到另一条与分支相关的指令——ssa.Phi，例如下列代码：

```
const src = `
package main

func add(i int, j int) int{
    return i + j
}

func main() {
    var i int
    if add(3, 5) < 9{
        println("branch 0")
        i = 13
    } else{
        println("branch 1")
        i = 42
    }
```

```
        println(i)
    }
`
```

其 main 函数的 SSA 形式如下：

```
func main():
0:                                                      entry P:0 S:2
    t0 = add(3:int, 5:int)                                         int
    t1 = t0 < 9:int                                                bool
    if t1 goto 1 else 3
1:                                                      if.then P:1 S:1
    t2 = println("branch 0":string)                                ()
    jump 2
2:                                                      if.done P:2 S:0
    t3 = phi [1: 13:int, 3: 42:int] #i                             int
    t4 = println(t3)                                               ()
    return
3:                                                      if.else P:1 S:1
    t5 = println("branch 1":string)                                ()
    jump 2
```

注意第 2 个代码块的第一条指令，即条件赋值指令 ssa.Phi。支持该指令只需根据其定义在 runFrame 中加入以下分支：

```
func (p *Engine) runFrame(fr *Frame) {
    for i := 0; i < len(fr.block.Instrs); i++ {
        switch ins := fr.block.Instrs[i].(type) {
...
        case *ssa.Phi:
            for j, pred := range ins.Block().Preds {
                if fr.prevBlock == pred {
                    fr.env[ins] = p.getValue(fr, ins.Edges[j])
                    break
                }
            }
```

程序运行后将输出以下结果：

```
if:true, goto block: 1
branch 0
jump to block: 2
13
```

我们使用一个略微复杂的例子——求斐波那契数列,对截至目前获得的成果进行检验:

```
const src = `
package main

func add(i int, j int) int {
    return i + j
}

func fib(n int) {
    t1, t2 := 0, 1
    for k := 0; k < n; k++ {
        print(t2, " ")
        next := t1 + t2
        t1 = t2
        t2 = next
    }
}

func main() {
    var i int
    if add(3, 5) < 9 {
        println("branch 0")
        i = 13
    } else {
        println("branch 1")
        i = 42
    }

    fib(i)
}
`
```

在注释掉了 ssa.If 和 ssa.Jump 处理过程中的日志输出代码后,上述代码解释执行的输出如下：

```
branch 0
1 1 2 3 5 8 13 21 34 55 89 144 233
```

至此，我们完成了分支控制所需的所有工作。

14.6　导入函数

在本节中，我们将对脚本解释执行器进行进一步的改进，使脚本可以调用外部导入的函数。这一改进将为脚本提供与宿主环境（解释执行器）直接沟通的桥梁，脚本可以通过该途径执行数据 I/O 等操作，可极大地扩展脚本的能力边界。

首先，我们在 Engine 结构体中增加一个名为 externals 的成员，用于保存外部导入的函数：

```
type UserFunc func(args ...watypes.Value) watypes.Value

type Engine struct {
    main     *ssa.Package
    initOnce sync.Once

    // 全局变量
    globals map[string]*watypes.Value

    // 外部导入的函数
    externals map[string]UserFunc
}
```

注意，我们通过 UserFunc 定义了外部导入函数的类型。

相应地，在创建解释执行引擎时，通过传入的 funcs 参数初始化 Engine.externals 成员：

```
func NewEngine(mainpkg *ssa.Package, funcs map[string]UserFunc) *Engine {
    p := &Engine{
        main:    mainpkg,
```

```
        globals:   make(map[string]*watypes.Value),
            externals: make(map[string]UserFunc),
    }

    for k, fn := range funcs {
        p.externals[k] = fn
    }
    return p
}
```

接下来,在 runFunc 方法中,若遇到 ssa.Function 类型的函数调用,先判断该函数是否为外部导入函数(检查它是否存在于 Engine.externals 中),若它是外部导入函数则直接调用它(注意,不是解释执行):

```
func (p *Engine) runFunc(fn watypes.Value, args []watypes.Value) watypes.Value {
    ...
    if fn, ok := fn.(*ssa.Function); ok {
        if ext := p.externals[fn.Name()]; ext != nil {
            return ext(args)
        }
    ...
```

至此,对解释执行器的导入函数的支持就完成了。接下来我们尝试导入一个名为 my_print 的函数:

```
func my_print(args ...watypes.Value) watypes.Value {
    fmt.Print("my_print: ")
    for _, a := range args {
        switch a := a.(type) {
        case []watypes.Value:
            for _, a := range a {
                fmt.Print(a)
            }
        default:
            fmt.Print(a)
        }
    }
    return nil
}
```

14.6 导入函数

提示 导入函数的定义必须符合 `UserFunc` 类型。

创建解释执行器时传入对应的参数：

```
user_funcs := make(map[string]UserFunc)
user_funcs["my_print"] = my_print

p := NewEngine(ssaPkg, user_funcs)
```

最后，我们尝试在脚本中调用导入的 `my_print` 函数：

```
const src = `
package main

func my_print(s string)

func main() {
    my_print("Hello, wa!")
}
`
```

提示 在脚本中需要对导入的 `my_print` 函数进行声明（只有函数头没有函数体），以避免在语法检查时出错。

程序运行后输出如下：

```
package test.go:
  func   init       func()
  var    init$guard bool
  func   main       func()
  func   my_print   func(s string)

my_print: Hello, wa!
```

14.7 小结

本章从简单的"hello,world!"例子开始一步一步地构建一个凹语言的解释执行器，以此为基础，读者可以尝试为它增加数组、结构体等更多特性的支持；倘若在解释过程中，我们并不实际运行 SSA 语句，而是将其转换为另一种语言的等价语句并输出，事实上我们就得到了一个编译器。类似的功能有很多，留待读者扩展并发掘。

第 15 章

LLVM 简介

本章不讲解深奥而枯燥的编译原理，也不讲解 LLVM 背后复杂的技术实现，只告诉读者两件事：LLVM 能做什么，以及如何使用 LLVM。

15.1 背景介绍

编译器本质上是一个程序，它的特殊性在于服务对象是程序员这个群体。它的功能是把程序员生产的高级语言程序，翻译成硬件处理器可以识别的二进制指令流。

编译器经过几十年的发展，已经形成非常完备和严密的理论体系，以及丰富的实践技术方案。目前能用于生产环境的编译器，无论是开源还是闭源，绝大多数都基于"三阶段架构"，如图 15-1 所示。

图 15-1 编译器的三阶段架构

在编译器的三阶段架构中，前端（front end）接收程序员生产的源代码，进行词法/语法/语义分析，并生成中间表示；中端（middle end）接收前端生成的中间表示，通常是静态单赋值的中间表示（SSA-IR），进行体系无关的优化，例如删除冗余代码、乘法优化为移位、常量折叠、常量传播等，这些优化对所有的硬件机器都适用；后端（back end）负责将经过优化的中间表示生成最终的机器指令流，并可能做进一步体系相关的优化，例如有的机器（如 ARM）支持先乘后加的操作（a+b×c）在一条指令里完成，而有的机器（如 Intel 80386）不支持，因此这类和机器相关的优化放在后端。

进一步看，每个前端模块对应一种语言，每个后端模块对应一种处理器，而中端模块是唯一的，如图 15-2 所示。

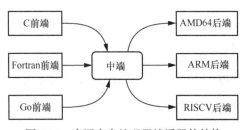

图 15-2　多语言多处理器编译器的结构

引入中间表示并使用三阶段架构的一个优点是可以最大限度地复用代码。很多与机器无关的优化，无须对每个处理器都实现，仅需在中端优化阶段实现一次，就可以被所有的处理器共享。

引入中间表示并使用三阶段架构的另一个优点是可以方便地添加新的语言和新的处理器。新的语言前端无须支持所有的处理器，只需生成中间表示；而新的处理器后端也无须支持多种语言，仅接收中间表示即可。对于 M 种语言和 N 种处理器，如果没有中间表示，我们需要进行 $M×N$ 份工作（而且有很多重复内容）才能让编译器功能完整。引入中间表示后，我们只需要进行 $M+N$ 份工作（而且相互之间无耦合）。

基于上述三阶段架构，LLVM 核心只包括中端和后端两部分，而前端可以任意搭配，只要前端能生成正确的 LLVM-IR 即可。例如，前端可以是 LLVM 的子项目 C 前端 Clang，也可以是 Rust/Julia 这种借助 LLVM 的新兴语言，如图 15-3 所示。

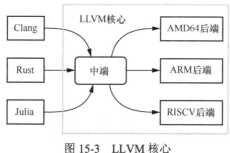

图 15-3　LLVM 核心

本章的核心目的就是给读者展示：如何手动编写 LLVM-IR 程序，以及如何调用 LLVM 工具将 LLVM-IR 程序编译成可执行程序。

15.2　安装 LLVM

LLVM 提供预编译的压缩包，可以从其官方网站的"LLVM Download Page"页面下载，推荐使用最新版本（截至本书完稿）。

使用 Windows/Linux/macOS 等操作系统的用户需要把压缩包解压，并将解压后的目录添加为系统路径，确保在命令行终端可以访问 LLVM 的命令工具：

```
$ xz -d clang+llvm-10.0.0-x86_64-linux-gnu-ubuntu-18.04.tar.xz
$ tar xf clang+llvm-10.0.0-x86_64-linux-gnu-ubuntu-18.04.tar -C $HOME/
$ export PATH=$PATH:$HOME/llvm/bin
```

我们使用经典的"hello, world!"验证安装是否正确。创建包含 LLVM-IR 的文件 hello.ll：

```
@str = constant [15 x i8] c"hello, world!\0A\00"

declare i32 @printf(i8*, ...)

define i32 @main() {
  %tmp1 = getelementptr [15 x i8], [15 x i8]* @str, i32 0, i32 0
  call i32 (i8*, ...) @printf(i8* %tmp1)
```

```
    ret i32 0
}
```

编译 hello.ll 并运行：

```
$ llc    hello.ll -o hello.s    # llc 命令用于将 LLVM-IR 编译成 x86-64 平台的汇编指令
$ clang hello.s  -o hello.out  # clang 命令用于将 x86-64 平台的汇编指令，生成最终的可执行文件
$ ./hello.out
hello, world!
$ file hello.out
hello.out: ELF 64-bit LSB executable, x86-64, version 1 (SYSV), dynamically linked,
interpreter /lib64/ld-linux-x86-64.so.2, for GNU/Linux 3.2.0, not stripped
```

hello.out 就是我们最终需要的可执行文件，运行于 x86-64 平台的动态链接的 ELF 文件。运行 hello.out，如果看到预期的输出，说明安装 LLVM 成功。使用 Windows/macOS 操作系统的读者，可以使用类似的操作步骤，得到运行于各自平台的 hello.exe/hello.out，也可以采用更简略的方法：

```
clang hello.ll -o hello.exe
```

15.3　printf 函数

LLVM 工具链默认链接 C 语言的运行时库，因此经 LLVM 编译的程序将通过调用 C 语言的库函数与操作系统交互，例如 15.2 节的示例通过调用 `printf` 输出 "hello, world!"。

在 C 语言中 `printf` 函数的原型如下：

```
extern int printf(const char *__format, ...);
```

其中：

- 第一个参数格式化字符串是固定参数，其余可变参数是待输出的数据；
- 返回值表示实际输出的数据个数；
- 格式化字符串中通过 `%` 表示数据占位：`%d`（`int` 数据类型）、`%ld`（`long` 数据类型）、`%u`（`unsigned int` 数据类型）、`%lu`（`unsigned long` 数据类型）、`%x`（hex int

十六进制的 int 数据类型）、%lx（hex long 十六进制的 long 数据类型）、%f（double 数据类型）和 %lf（double 数据类型）。

在 C 语言中，通过 #include "stdio.h" 引入 printf 的声明。而 LLVM-IR 是类汇编语言，没有头文件的概念，因此需要直接声明 printf 函数：

```
declare i32 @printf(i8*, ...)
```

其中：

- declare 表示函数的声明（而不是定义），声明函数 printf 在另一个 .ll 文件或者库函数中；
- i32 是 printf 函数的返回值类型，返回值表示实际输出的数据个数；
- 第一个参数格式化字符串是固定参数，类型是 i8*（指向 8 位整数的指针类型），其余可变参数是待输出的数据。

格式化字符串的定义如下：

```
@str = constant [15 x i8] c"hello, world!\0A\00"
```

其中：

- 关键字 constant 表示这是一个常量定义；
- [15 x i8] 表示这是一个（常量）数组，每个元素是 i8（8 位整数）类型，共 15 个元素；
- 字符串（字符数组）的定义兼容 C 的写法，单个字符可以采用符号 "\" 后面接美国信息交换标准代码（American Standard Code for Information Interchange，ASCII）的写法。

因为 printf 函数的首参数是 i8* 类型，而不是 [15 x i8] 类型，所以需要使用 getelementptr 获取格式化字符串的首地址：

```
%fmt = getelementptr [M x i8], [M x i8]* @str, i32 0, i32 0
```

其中：

- M 是字符数组的元素数量，在上面的 "hello, world!" 例子中 M=15；

- getelementptr 的返回值赋值给局部变量 fmt（类型为 i8*，指向 8 位整数的指针）；
- getelementptr 是 LLVM 定义的操作指针的 IR 指令，这里不深入介绍；读者需要遵从这种固定写法才能正确使用 printf 函数，唯一需要修改的只有 M 的值。

最终调用 printf 函数的写法如下：

```
call i32 (i8*, ...) @printf(i8* %fmt, ...)
```

其中：

- call 是 LLVM 定义的 IR 指令，表示函数调用；
- i32 (i8*, ...) 是 printf 函数的类型签名，必须写成"返回值类型（参数类型列表）"的格式；
- 首参数 i8* %fmt 是格式化字符串，后面紧接其他待输出的数据。

下面是一个综合的例子：

```
; file = printf.ll
; 输出 3 个数据：十进制 long，十六进制 int，以及 double
@str = constant [18 x i8] c"%ld - 0x%x - %lf\0A\00"

; 声明 printf 函数
declare i32 @printf(i8*, ...)

; 定义 main 函数
define i32 @main() {
  ; 定义局部变量 t0（32 位整数），并赋初值 10+5=15
  %t0 = add i32 10, 5
  ; 获取字符数组 str 的首地址，赋值给局部变量 fmt（指向 8 位整数的指针），供 printf 函数使用
  %fmt = getelementptr [18 x i8], [18 x i8]* @str, i32 0, i32 0
  ; 输出一个 64 位整型常量、一个 32 位整型变量和一个 64 位浮点型常量
  call i32 (i8*, ...) @printf(i8* %fmt, i64 -10, i32 %t0, double 0.125)

  ret i32 0
}
```

编译并运行这个程序，结果如下：

```
$ llc printf.ll -o printf.s
$ clang printf.s -o printf.out
$ ./printf.out
-10 - 0xf - 0.125000
```

需要额外强调的是：LLVM-IR 是类汇编语言，因此书写较为烦琐，不像高级语言那样言简意赅。以上的例子至少说明了以下几个要点：

- 待输出的数据（可变参数部分）只能是常量和变量，不能是表达式；
- 所有对变量的使用，都必须有类型前缀，例如 i8* %fmt 和 i32 %t0；
- 所有对变量和函数的使用，都必须有@或者%前缀：@表示是一个全局变量（在数据段）或函数（在代码段），%表示是一个局部变量（在栈上）。

总之，printf 函数有固定的写法。如果暂时不理解，后面章节照搬即可。

15.4 简单的四则运算

LLVM-IR 是类汇编语言，不能书写复杂的表达式，哪怕是简单的 a+b+c，也要拆分成两个步骤：

```
%tmp = add i32 %a, %b    ; 先计算 a+b
%res = add i32 %c, %tmp  ; 再计算(a+b)+c
```

LLVM-IR 的整数四则运算对应的指令是 add/sub/mul/sdiv/udiv，浮点数四则运算对应的指令是 fadd/fsub/fmul/fdiv。要求如下：

- 只能有两个操作数，而且类型相同，可以是变量或常量；
- 结果的类型和操作数相同，在指令后面注明该类型；
- 复杂的表达式需要拆分单个步骤。

下面是整数四则运算的例子：

```
; file = calc.ll
@str = constant [4 x i8] c"%d\0A\00"
```

```
declare i32 @printf(i8*, ...)

; 计算表达式(10×11-1)/(2+6)
define i32 @main() {
  %tmp0 = add i32 2, 6            ; 常量+常量
  %tmp1 = mul i32 10, 11           ; 常量×常量
  %tmp2 = sub i32 %tmp1, 1         ; 变量-常量
  %tmp3 = udiv i32 %tmp2, %tmp0    ; 变量/变量，无符号整数的除法

  ; printf 函数的固定写法
  %tmp4 = getelementptr [4 x i8], [4 x i8]* @str, i32 0, i32 0
  call i32 (i8*, ...) @printf(i8* %tmp4, i32 %tmp3)

  ret i32 0
}
```

编译并运行这个程序，结果如下：

```
$ llc calc.ll -o calc.s
$ clang calc.s -o calc.out
$ ./calc.out
13
```

除了四则运算，LLVM-IR 还支持位逻辑运算和移位运算，感兴趣的读者可以进一步参考 LLVM 的手册。

15.5 比较运算

LLVM-IR 的整数比较指令是 `icmp`，浮点数比较指令是 `fcmp`，具体格式如下：

`<result> = icmp <cond> <ty> <op1>, <op2>`

其中：

- `op1` 和 `op2` 是真正需要比较的两个数据，要求类型一致；
- `ty` 是待比较的操作数的类型；
- `result` 是 i1（1 位整数）类型，表示比较结果，1 表示 `true`，0 表示 `false`；

- cond 是条件,取值包括 eq(==)、ne(!=)、ugt(>, unsigned)、sgt(>, signed)、uge(>=, unsigned)、sge(>=, signed)、ult(<, unsigned)、slt(<, signed)、ule(<=, unsigned)、sle(<=, signed)。

下面是一个综合的例子:

```
; file = cmp.ll
@str = constant [9 x i8] c"%d - %d\0A\00"

declare i32 @printf(i8*, ...)

define i32 @main() {
  %tmp0 = add i32 2, 6                ; 定义变量 tmp0,类型是 i32,初值是 8
  %tmp1 = mul i32 10, 11              ; 定义变量 tmp1,类型是 i32,初值是 110
  %tmp2 = icmp eq  i32 %tmp0, %tmp1   ; 定义变量 tmp2,类型是 i1,初值是 tmp0==tmp1
  %tmp3 = icmp ult i32 %tmp0, %tmp1   ; 定义变量 tmp3,类型是 i1,初值是 tmp0<tmp1

  ; printf 函数的固定写法
  %tmp4 = getelementptr [9 x i8], [9 x i8]* @str, i32 0, i32 0
  call i32 (i8*, ...) @printf(i8* %tmp4, i1 %tmp2, i1 %tmp3)

  ret i32 0
}
```

编译并运行这个程序,结果如下:

```
$ llc cmp.ll -o cmp.s
$ clang cmp.s  -o cmp.out
$ ./cmp.out
0 - 1
```

15.6 分支与循环

结构化编程(顺序/分支/循环三要素)是 20 世纪 70 年代提出的编程范式,目的是应对 goto 语句泛滥导致的软件工程危机。if/else/for/while 是任何高级语言都有的元素,而 goto 并不常见。但遗憾的是,LLVM-IR 是类汇编语言而不是高级语言,没有 if/else/for/while,

只有 goto；任何的分支结构与循环结构，都需要使用 goto 来模拟。事实上，计算机本来就不能理解 if/else/for/while，是编译器帮我们把它们翻译成了 goto。例如下面的 Go 程序：

```
if a > 0 {
    fmt.println("positive!")
} else {
    fmt.println("negative!")
}
```

编译器帮我们翻译成如下结构，程序变得晦涩难懂了：

```
    goto _label_false if not (a > 0)
    fmt.println("positive!")
    goto _label_end
_label_false:
    fmt.println("negative!")
_label_end:
```

上面的例子虽然简单，但是完整地展示了 LLVM-IR 中的两种跳转：

- 无条件跳转（上面例子中的 goto _label_end）；
- 条件跳转（上面例子中的 goto _label_false if not (a > 0)），只有条件为 true 时才跳转。

LLVM-IR 的跳转指令格式如下：

```
; 无条件跳转到<dest>
br label <dest>
; 如果<cond>的值是 1，则跳转到<iftrue>，否则跳转到<iffalse>
br i1 <cond>, label <iftrue>, label <iffalse>
```

下面是一个条件分支的例子，把上面 Go 语言的 if/else 例子用 LLVM-IR 重写。需要注意的是，条件必须是一个 i1 类型的变量，通常是由 icmp/fcmp 产生的：

```
; file = ifelse.ll
@str0 = constant [11 x i8] c"positive!\0A\00"
@str1 = constant [11 x i8] c"negative!\0A\00"
```

```
declare i32 @printf(i8*, ...)

define i32 @main() {
_ifstart:
  %a = add i32 1, 0           ; 定义局部变量 a, 类型是 i32, 初值是 1
  %cond = icmp sgt i32 %a, 0  ; 定义局部变量 cond, 类型是 i1, 初值是 a>0

  ; if 语句的条件
  br i1 %cond, label %_iftrue, label %_iffalse
_iftrue:
  ; if 语句的 true 分支
  %tmp0 = getelementptr [11 x i8], [11 x i8]* @str0, i32 0, i32 0
  call i32 (i8*, ...) @printf(i8* %tmp0)
  br label %_ifend
_iffalse:
  ; if 语句的 false 分支
  %tmp1 = getelementptr [11 x i8], [11 x i8]* @str1, i32 0, i32 0
  call i32 (i8*, ...) @printf(i8* %tmp1)
  br label %_ifend

_ifend:
  ; if 语句的终结位置
  ret i32 0
}
```

编译并运行这个程序，可以看到预期的"positive!"被输出：

```
$ llc ifelse.ll -o ifelse.s
$ clang ifelse.s -o ifelse.out
$ ./ifelse.out
positive!
```

下面是一个无条件跳转的例子，模拟一个无限（死）循环，不断输出"hello, world!"：

```
; file = goto.ll
@str = constant [15 x i8] c"hello, world!\0A\00"

declare i32 @printf(i8*, ...)

define i32 @main() {
```

```
  ; 无条件跳转到 Dest
  br label %Dest
  ; 行标签，用于表示跳转的目的地
Dest:
  ; printf 函数的固定写法
  %tmp0 = getelementptr [15 x i8], [15 x i8]* @str, i32 0, i32 0
  call i32 (i8*, ...) @printf(i8* %tmp0)
  ; 无条件跳转到 Dest
  br label %Dest
}
```

编译并运行这个程序，结果如下：

```
$ llc goto.ll -o goto.s
$ clang goto.s  -o goto.out
$ ./goto.out
hello, world!
hello, world!
hello, world!
hello, world!
hello, world!
...
```

上面的例子展示了无限循环。我们需要先理解基本块和 PHI 指令，才能编写有限循环。

15.7 基本块

前面几节中的例子的形式都很简单。但现实世界中的程序通常都很复杂，一个函数会包含多个循环和条件判断；对应到汇编程序，可能是几千条指令和几十条跳转指令。基于这个结构，我们将函数体进一步划分成基本块，关于基本块非严格的描述如下：

- 指令组成基本块，基本块组成函数，函数组成可执行程序；
- 每个基本块的最后一条指令一定是跳转指令或返回指令，开头的指令和中间的指令一定不能是跳转指令；
- 基本块之间有跳转关系，跳出的基本块称为前驱，跳入的基本块称为后继；

15.7 基本块

例如，对于15.6节中的程序ifelse.ll的main函数，其中包含4个基本块，分别是_ifstart、_iftrue、_iffalse和_ifend：

```llvm
; file = ifelse.ll
@str0 = constant [11 x i8] c"positive!\0A\00"
@str1 = constant [11 x i8] c"negative!\0A\00"

declare i32 @printf(i8*, ...)

define i32 @main() {
_ifstart:
  %a = add i32 1, 0           ; 定义局部变量a，类型是i32，初值是1
  %cond = icmp sgt i32 %a, 0  ; 定义局部变量cond，类型是i1，初值是a>0
  ; if 语句的条件
  br i1 %cond, label %_iftrue, label %_iffalse

_iftrue:
  ; if 语句的true分支
  %tmp0 = getelementptr [11 x i8], [11 x i8]* @str0, i32 0, i32 0
  call i32 (i8*, ...) @printf(i8* %tmp0)
  br label %_ifend

_iffalse:
  ; if 语句的false分支
  %tmp1 = getelementptr [11 x i8], [11 x i8]* @str1, i32 0, i32 0
  call i32 (i8*, ...) @printf(i8* %tmp1)
  br label %_ifend

_ifend:
  ; if 语句的终结位置
  ret i32 0
}
```

这4个基本块之间的跳转关系如图15-4所示。

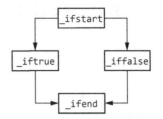

图 15-4　4 个基本块之间的跳转关系

15.8　PHI 指令

LLVM-IR 是 SSA 形式的，要求我们：

- 对于每个计算步骤的结果，都用一个临时变量保存；
- 每个临时变量一次赋值，多次使用，也就是在函数体内，变量作为操作数可以出现任意多次，但是作为被赋值的左值，只能出现一次。

假设我们有如下 Go 源程序：

```
func foo(a int) int {
    var b, c int
    if a > 0 {
        b = a + 1
    } else {
        b = a - 1
    }
    c = b / 2
    return c
}
```

这会令我们困惑：a + 1 和 a - 1 是两个不同的运算，需要两个不同的临时变量 t0 和 t1 来保存，而最后的除法运算，被除数可能是 t0，也可能是 t1。这时候就需要 PHI 指令，专门处理这种操作数不确定的情况。

PHI 指令的格式如下：

```
%tmpx = phi type [%tmp0, %block0], [%tmp1, %block1]
```

15.8 PHI 指令

其含义是临时变量 tmpx 的值在运行时动态决定，可能是来自基本块 block0 的临时变量 tmp0，也可能是来自基本块 block1 的临时变量 tmp1。

下面是一个展示 PHI 指令的例子 phi.ll。临时变量 t2 的类型是 i32，其值可能是来自基本块 _iftrue 的临时变量 t0，也可能是来自基本块 _iffalse 的临时变量 t1。

```
source_filename = "phi.ll"
@str = constant [4 x i8] c"%d\0A\00"
declare i32 @printf(i8*, ...)

define dso_local i32 @main() {
  ; 基本块 _ifstart
_ifstart:
  %a = add i32 10, 0
  %c = icmp sgt i32 %a, 0
  br i1 %c, label %_iftrue, label %_iffalse

  ; 基本块 _iftrue
_iftrue:
  %t0 = add i32 %a, 1
  br label %_ifend

  ; 基本块 _iffalse
_iffalse:
  %t1 = add i32 %a, -1
  br label %_ifend

  ; 基本块 _ifend
_ifend:
  ; 临时变量 t2 的值可能是来自基本块 _iftrue 的临时变量 t0，也可能是来自基本块 _iffalse 的临时变量 t1
  %t2 = phi i32 [%t0, %_iftrue], [%t1, %_iffalse]
  %t3 = sdiv i32 %t2, 2
  ; 格式化字符串
  %fmt = getelementptr [4 x i8], [4 x i8]* @str, i32 0, i32 0
  ; 输出结果
  %t4 = call i32 (i8*, ...) @printf(i8* %fmt, i32 %t3)
  ret i32 0
}
```

编译并运行这个程序，结果如下：

```
$ llc phi.ll -o phi.s
$ clang phi.s  -o phi.out
$ ./phi.out
5
```

15.9 有限循环

一个有限循环需要包括以下 3 个部分。

（1）初始化：循环变量赋初值。

（2）循环条件：判断是继续循环还是退出循环。

（3）循环体：执行业务逻辑，并更新循环变量。

假设我们需要通过有限循环输出数字 0~9，可以写成如下形式：

```
func main() {
    i := 0               // 初始化
    for ; i < 10; {      // 循环条件
        println(i)       // 循环体业务逻辑
        i = i + 1        // 更新循环变量
    }
}
```

由此，LLVM 的有限循环可以借助 PHI 指令写成如下形式：

```
source_filename = "loop.ll"
@str = constant [4 x i8] c"%d\0A\00"
declare i32 @printf(i8*, ...)


define dso_local i32 @main() {
  ; 基本块_10，初始化工作
_10:
  %t0 = add i32 0, 0
  br label %_11
```

; 基本块_11，循环条件处理，决定是继续循环还是终止循环。循环变量 t1 的值可能是来自基本块_10 的初值 0
  ; 也可能是来自基本块_12 的循环变量累加结果 t3（这里 t3 = t1 + 1）
_11:
  %t1 = phi i32 [%t0, %_10], [%t3, %_12]
  %c = icmp slt i32 %t1, 10
  br i1 %c, label %_12, label %_13

  ; 基本块_12，循环体。输出循环变量的值，并累加循环变量（t3 = t1 + 1）
_12:
  %fmt = getelementptr [4 x i8], [4 x i8]* @str, i32 0, i32 0
  %t2 = call i32 (i8*, ...) @printf(i8* %fmt, i32 %t1)
  %t3 = add i32 %t1, 1
  br label %_11

  ; 基本块_13，结束
_13:
  ret i32 0
}
```

编译并运行这个程序，结果如下：

```
$ llc loop.ll -o loop.s
$ clang loop.s  -o loop.out
$ ./loop.out
0
1
2
3
4
5
6
7
8
9
```

15.10 小结

本章首先介绍了 LLVM 诞生的背景及其安装/使用方法；然后主要介绍了适用 LLVM 伪汇编语言编程的方法，包括调用 `printf` 函数输出信息，进行四则运算、进行比较运算，实现简单
```

的分支/循环语句,以及通过 PHI 指令实现复杂的分支和循环语句。关于更多的 LLVM 工具链的使用方法和伪汇编指令的语法与功能,请读者进一步参考 LLVM 官方文档。总之,LLVM 是一个完备的编译框架,适合作为多种编程语言的底层编译器。

第 16 章

LLVM 示例

第 15 章展示了 LLVM-IR 程序的写法，以及调用 LLVM 工具将 LLVM-IR 编译成可执行程序的方法。在本章中我们将展示一个综合示例：将 Go 语言的 AST 翻译成 LLVM-IR，进而生成一个可执行程序。在本章中，我们将定义一门名为 W 的语言，并编写一个 W 语言的编译器 wcc。

16.1 W 语言

定义一门语言应该使用严格的推导公式，但本章重点是展示 LLVM 的用法，因此使用 W 语言源代码示例来展示 W 语言的特性。假设有一个 test.w 文件，其内容如下：

```
a = 3
b = 5
c = a + b
print(c)
d = 19 - c
print(d)
```

使用 wcc 编译并运行这个程序，可以看到计算结果 8 和 11 被输出：

```
$ wcc test.w
$ ./test.exe
8
11
```

下面是关于 W 语言的（非严格）定义。

（1）W 语言很"简陋"，只有赋值语句和 print 语句，没有外部输入，没有 if/else、for/while，也没有函数、结构体等。

（2）变量只有一种类型，即 int64。

（3）变量赋值语句可以是一个复杂的计算公式，但公式中只能出现常量和前面定义过的变量。

（4）变量只能被赋值一次，但可以被重复使用。

（5）表达式只能有加、减、乘、除 4 种运算，除数不能是 0。

（6）print 语句可以输出常量和变量，一条语句输出一个，但是不能输出表达式。

（7）赋值语句和 print 语句可以多次出现，赋值语句和 print 语句可以交替出现。

下面是关于 W 语言的常见错误：

```
; 错误 1: 不支持与、或、非运算
a = b & c


; 错误 2: 变量 kk 未定义
a = 12
b = 3
d = a - kk


; 错误 3: print 不能用于变量名
print = 12


; 错误 4: print 只能输出变量或常量，不能输出表达式
print(2 + 3)


; 错误 5: 一个 print 只能输出一个常量或变量
```

```
    print(a, b)

; 错误 6：不支持 if/else
if a > 0
    print(1)
else
    print(0)

; 错误 7：print 只能输出数值，不能输出字符串
print("a = %d, b = %d", a, b)

; 错误 8：0 不能作为除数
a = 9 / 0
```

16.2　W 语言编译器 wcc 的设计

秉承实现简单的原则，编译器 wcc 的设计遵循以下规则。

（1）对 W 语句逐行翻译；一行 W 语句将被翻译成多条 LLVM-IR 指令。

（2）在当前行被翻译完之前，不会触发下一行的翻译。

（3）wcc 会将 xxx.w 源代码以注释形式插入 xxx.ll，标明每行 W 语句对应的多行 LLVM-IR。

（4）表达式的中间结果将采用临时变量 tmpX 来记录，编号 X 会递增。

（5）wcc 程序本身用 Go 语言编写，并调用 Go 提供的 go/ast 包。

（6）wcc 只能提供有限的输入错误提示，因为本章的目的不是展示语法、语义分析，而是展示将 AST 翻译成 LLVM-IR。请读者编写 .w 文件时避免出现上面的 5 个问题，否则 wcc 可能会产生奇怪的行为。

（7）wcc 对表达式的分析和代码生成，将采用函数递归调用的方法。递归终结的条件是遇到变量和常量这样不可再分解的语法元素；而每层递归代表一个子表达式的分析和代码生成，每层的返回值是为该层子表达式计算结果分配的临时变量的编号。

（8）wcc 在分析赋值语句之前，会将赋值号"="替换为"<"，这样做确实令人困惑，但

是可以简化 wcc 编译器的实现。一方面，因为赋值在 Go 语言中是语句而不是表达式，将 "="
替换为 "<" 可以使赋值语句被 go/ast 包当作表达式来分析；另一方面，因为 W 语言只有加、
减、乘、除运算，所以将 "=" 替换为 "<" 不会引发问题。

（9）wcc 一次只能编译一个 .w 文件，并将 xxx.w 生成 xxx.exe。

（10）wcc 将调用 `llc` 和 `clang` 命令，并假设读者已经正确安装 LLVM。

（11）wcc 读取 xxx.w 并生成 xxx.ll，然后调用 `clang` 命令生成 xxx.exe。

例如，有如下 test.w：

```
a = 2
b = 3
c = 4
d = (b+c)/a
print d
```

这个 test.w 将被 wcc 编译器编译成下面的 test.ll，而 test.ll 将被 LLVM 工具进一步编译成最终的可执行程序 test.exe。

```
@str = constant [4 x i8] c"%d\0A\00"

declare i32 @printf(i8*, ...)

define i32 @main() {
    ; a = 2
    %a = add i64 2, 0
    ; b = 3
    %b = add i64 3, 0
    ; c = 4
    %c = add i64 4, 0
    ; d = (b+c)/a
    %tmp0 = add i64 %b, %c
    %d = sdiv i64 %tmp0, %a
    ; print d
    %tmp1 = getelementptr [4 x i8], [4 x i8]* @str, i32 0, i32 0
    call i32 (i8*, ...) @printf(i8* %tmp1, i64 %d)
    ret i32 0
}
```

16.3 W 语言编译器 wcc 的实现

wcc 的整体工作流程如图 16-1 所示。

图 16-1 wcc 的整体工作流程

这一流程中最核心的步骤是第三步（`main` 函数里的 `for` 循环）：逐行分析输入的.w 文件中的语句，并生成对应的 LLVM-IR。因为 W 语言只包含打印语句和赋值语句，所以这一步的核心是 `processPrint` 和 `processExpr` 两个函数，其具体工作流程如图 16-2 所示。

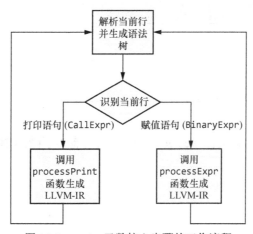

图 16-2 `main` 函数核心步骤的工作流程

在生成表达式的 LLVM-IR 的函数 `processExpr` 中，输入是一个树结构，父节点使用子节点的结果作为操作数。因此，要先生成子节点对应的 LLVM-IR，然后生成父节点对应的 LLVM-IR，从下到上逐层递归，最终生成根节点的 LLVM-IR。而函数 `processExpr` 递归调用自己，对输入的树结构进行深度优先遍历。递归终结的条件是遇到变量和常量这样不可再分解的语法元素，对应的是树结构的末梢节点；每层递归调用的返回值是代表当前层次结果的临时变量，被上一层调用作为操作数。`processExpr` 的工作流程如图 16-3 所示。

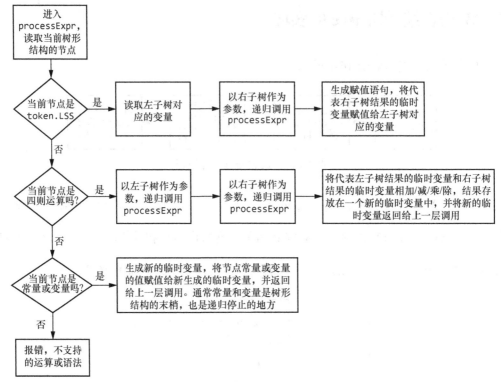

图 16-3 processExpr 的工作流程

下面是 wcc 的完整源代码文件 wcc.go（一些设计思想穿插在注释中）：

```
package main

import (
    "bufio"
    "fmt"
    "go/ast"
    "go/parser"
    "go/token"
    "io"
    "os"
    "os/exec"
    "path"
    "strings"
)
```

```
var lineNo int = 0                                  // 行编号
var varNo int = 0                                   // 临时变量编号
var vars map[string]int = map[string]int{}          // 已定义的变量
var srcError bool = false                           // 源文件是否包含错误

// 如果出现错误，则删除生成的.ll文件
func remove(path string) {
    if srcError {
        os.Remove(path)
    }
}

func main() {
    // 一次只能编译一个文件
    if len(os.Args) != 2 {
        fmt.Printf("正确用法：%s XXX.w\n", os.Args[0])
        return
    }

    // 中间结果文件和最终目标文件的基础路径
    // 如果源文件名是xxx.w，则生成xxx.ll/xxx.s/xxx.exe
    // 否则直接在源文件名后面追加.ll/.s/.exe
    var basePath string
    if path.Ext(os.Args[1]) == ".w" {
        basePath = strings.ReplaceAll(os.Args[1], ".w", "")
    } else {
        basePath = os.Args[1]
    }
    defer remove(basePath + ".ll")

    // 打开源文件
    fSrc, e0 := os.Open(os.Args[1])
    if e0 != nil {
        fmt.Printf("无法读取源文件%s\n", os.Args[1])
        return
    }
    defer fSrc.Close()

    // 创建.ll文件并写入基本信息
    fLl, e1 := os.Create(basePath + ".ll")
```

```go
    if e1 != nil {
        fmt.Printf("无法创建文件%s\n", basePath+".ll")
        return
    }
    defer fLl.Close()

    // 生成.ll文件的开头
    fLl.WriteString("; source file: " + os.Args[1])
    fLl.WriteString("\n@str = constant [4 x i8] c\"%d\\0A\\00\"\n")
    fLl.WriteString("declare i32 @printf(i8*, ...)\n")
    fLl.WriteString("define i32 @main() {\n")
    fLl.WriteString("%fmt=getelementptr [4 x i8],[4 x i8]* @str,i32 0,i32 0\n")

    // 逐行读取源文件并生成LLVM-IR
    brSrc := bufio.NewReader(fSrc)
    for {
        line, _, c := brSrc.ReadLine()
        if c == io.EOF {
            break
        }
        lineNo++

        // 源代码以注释形式插入
        lineSrc := strings.TrimSpace(string(line))
        if len(lineSrc) == 0 {
            // 忽略空行
            continue
        }
        fLl.WriteString("  ; " + lineSrc + "\n")

        // 这里我把所有的=替换为<，因此 a=b+c 将被替换为 a<b+c
        // 原因是a=b+c是语句，而a<b+c是表达式，我希望使用更简单的parser.ParseExpr来分析源代码
        lineSrc = strings.ReplaceAll(lineSrc, "=", "<")

        // 分析整行源代码
        expr, e2 := parser.ParseExpr(lineSrc)
        if e2 != nil {
            srcError = true
            fmt.Printf("源文件%s 第%d 行包含语法错误\n", os.Args[1], lineNo)
            return
```

```
        }

        // 判断是赋值语句还是打印语句
        if callExpr, b := expr.(*ast.CallExpr); b { // 打印语句
            if b := processPrint(callExpr, fLl); !b {
                return
            }
        } else if binExpr, b := expr.(*ast.BinaryExpr); b { // 赋值语句
            if _, b := processExpr(binExpr, fLl); !b {
                return
            }
        } else {
            srcError = true
            fmt.Printf("源文件%s 第%d 行包含不支持的语法\n", os.Args[1], lineNo)
            return
        }
    }

    // 生成.ll 文件的结尾
    fLl.WriteString("  ret i32 0\n}\n")
    fLl.Close()

    // 调用 clang
    cmd := exec.Command("clang", basePath+".ll", "-O0", "-o", basePath+".exe")
    if e3 := cmd.Run(); e3 != nil {
        srcError = true
        fmt.Printf("调用 clang 失败,可能原因:\n")
        fmt.Printf("1. 未正确安装 LLVM;\n")
        fmt.Printf("2. 源代码%s 存在其他语法错误。\n", os.Args[1])
    }
}

// 这个函数递归调用自己,分析表达式,对子表达式的结果生成临时变量来保存
// 第一个返回值是保存输入表达式结果的临时变量编号,可能被上一级表达式引用
// 第二个返回值是输入表达式是否已被正确解析
func processExpr(expr interface{}, fLl *os.File) (int, bool) {
    if binExpr, b0 := expr.(*ast.BinaryExpr); b0 { // 二元表达式
        switch binExpr.Op {
        // 赋值语句的最顶级,前面已经把=替换成<
        case token.LSS:
```

```go
        x, b1 := binExpr.X.(*ast.Ident)
        if !b1 { // 错误：赋值语句左侧只能是变量
            srcError = true
            fmt.Printf("源文件%s 第%d 行：只能给变量赋值\n", os.Args[1], lineNo)
            return -1, false
        }
        // 检查变量是否定义过
        if _, ok := vars[x.Name]; ok {
            srcError = true
            fmt.Printf("源文件%s 第%d 行：变量重复定义\n", os.Args[1], lineNo)
            return -1, false
        }
        // 生成赋值语句
        idx2, b2 := processExpr(binExpr.Y, fLl)
        if b2 {
            stmt := fmt.Sprintf("  %%s = add i64 %%tmp%d, 0\n", x.Name, idx2)
            fLl.WriteString(stmt)
        }
        // 记录已定义的变量
        vars[x.Name] = lineNo
        return -1, b2

    // 加、减、乘、除
    case token.ADD, token.SUB, token.MUL, token.QUO:
        idxLeft, bLeft := processExpr(binExpr.X, fLl)
        if !bLeft { // 左分支包含语法错误
            return -1, false
        }
        idxRight, bRight := processExpr(binExpr.Y, fLl)
        if !bRight { // 右分支包含语法错误
            return -1, false
        }
        varNo++
        opMap := map[token.Token]string{
                token.ADD: "add",
                token.SUB: "sub",
                token.MUL: "mul",
                token.QUO: "sdiv",
        }
```

```
            // 生成: tmpX = left <op> right
            stmt := fmt.Sprintf("  %%tmp%d = %s i64 %%tmp%d, %%tmp%d\n", varNo, opMap
                [binExpr.Op], idxLeft, idxRight)
            fL1.WriteString(stmt)
            return varNo, true

        // 不支持其他运算
        default:
            srcError = true
            fmt.Printf("源文件%s 第%d 行：不支持的运算\n", os.Args[1], lineNo)
            return -1, false
        }

    } else if vExpr, b0 := expr.(*ast.Ident); b0 { // 树最末端的单个变量
        // 检查变量是否定义过
        if _, ok := vars[vExpr.Name]; !ok {
            srcError = true
            fmt.Printf("源文件%s 第%d 行：引用未定义的变量\n", os.Args[1], lineNo)
            return -1, false
        }
        // 生成赋值语句
        varNo++
        stmt := fmt.Sprintf("  %%tmp%d = add i64 %%%s, 0\n", varNo, vExpr.Name)
        fL1.WriteString(stmt)
        return varNo, true
    } else if cExpr, b0 := expr.(*ast.BasicLit); b0 { // 树最末端的单个常量
        // 生成赋值语句
        varNo++
        stmt := fmt.Sprintf("  %%tmp%d = add i64 %s, 0\n", varNo, cExpr.Value)
        fL1.WriteString(stmt)
        return varNo, true
    } else if pExpr, b0 := expr.(*ast.ParenExpr); b0 { // 括号表达式
        idx, b1 := processExpr(pExpr.X, fL1)
        return idx, b1
    } else { // 不支持其他表达式
        srcError = true
        fmt.Printf("源文件%s 第%d 行：不支持的表达式\n", os.Args[1], lineNo)
        return -1, false
    }
}
```

```
// 返回 true 表示正常生成代码
// 返回 false 表示源代码有语法错误
func processPrint(call *ast.CallExpr, fLl *os.File) bool {
    // 只能输出一个值
    if len(call.Args) != 1 {
        srcError = true
        fmt.Printf("源文件%s 第%d 行：print 只能打印一个数值\n", os.Args[1], lineNo)
        return false
    } else if litExpr, b := call.Args[0].(*ast.BasicLit); b {
        // 生成输出常量的 printf
        fLl.WriteString("  call i32 (i8*, ...) @printf(i8* %fmt, i64 ")
        fLl.WriteString(litExpr.Value + ")\n")
        return true
    } else if idExpr, b := call.Args[0].(*ast.Ident); b {
        // 生成输出变量的 printf
        fLl.WriteString("  call i32 (i8*, ...) @printf(i8* %fmt, i64 %")
        fLl.WriteString(idExpr.Name + ")\n")
        return true
    } else {
        // 错误：不能输出表达式
        srcError = true
        fmt.Printf("源文件%s 第%d 行：print 只能打印变量或常量\n", os.Args[1], lineNo)
        return false
    }
}
```

16.4　W 语言的代码示例

下面是一个 W 语言源代码综合的示例 test0.w：

```
a = (2 + 6)*5
print(a)
b = (a + 2)/3
print(b)
c = (a + b) * 2 - (a+4)/7
print(c)
print(22456)
```

编译并运行代码，结果如下：

```
$ go run wcc.go test0.w
$ ./test0.exe
40
14
102
22456
```

下面是一些错误的 W 语言的源代码示例，以及它们被编译时 wcc 产生的报错信息：

```
$ cat test2.w
a[21]
$ go run wcc.go test2.w
```
源文件 test2.w 的第 1 行包含不支持的语法

```
$ cat test3.w
print(3, b)
$ go run wcc.go test3.w
```
源文件 test3.w 的第 1 行：print 只能打印一个数值

```
$ cat test4.w
print(3 + b)
$ go run wcc.go test4.w
```
源文件 test4.w 的第 1 行：print 只能打印变量或常量

```
$ cat test5.w
a + 2 = a + 3
$ go run wcc.go test5.w
```
源文件 test5.w 的第 1 行：赋值语句左侧只能是变量

```
$ cat test6.w
a = 5 % 4
$ go run wcc.go test6.w
```
源文件 test6.w 的第 1 行：不支持的运算

```
$ cat test7.w
a = a + 2
$ go run wcc.go test7.w
```
源文件 test7.w 的第 1 行：引用未定义的变量

```
$ cat test8.w
```

```
a = 2
b = -a
$ go run wcc.go test8.w
```
源文件 test8.w 的第 2 行：不支持的表达式

```
$ cat test9.w
a = 2
a = 3
$ go run wcc.go test9.w
```
源文件 test9.w 的第 2 行：变量重复定义

16.5 小结

  W 语言虽然很简陋，但是 wcc 能够将 .w 文件变成可执行文件，并给出一定的错误提示。从这个角度看，它已经是一个真正意义上的编译器。感兴趣的读者可以尝试修改 wcc，以使 W 语言支持更多的运算和数据类型，甚至支持 if/else。希望这个小例子能成为读者自研编译器的起点。

后记

我对 Go 语言语法树的关注最早可以追溯到 2013 年，最初的需求来自 Go 语言文档翻译的同步工作。翻译的过程与精读文章的过程类似，可以深入学习和思考 Go 语言的各种特性，当时国内很多 Go 语言程序员都在自发或有组织地参与 Go 语言各种文档的翻译工作，而 Go 语言文档是通过 godoc 工具从源代码提取的，底层正是基于 Go 语言语法树的技术。为了简化中文文档翻译的同步工作，我开发了 gettext-go 和 golandoc 两个辅助工具（gettext-go 后来被 Kubernetes 项目引用），其中 gettext-go 在运行时根据当前语言环境加载中文或英文的文档，golandoc 则基于语法树提取要翻译的中文文档，同时将多种语言的文档组织到一个虚拟的文件系统中，以便提供不同语种的文档服务。

我真正开始系统学习 Go 语言语法树是在 2018 年底在家休息期间，基于当时的学习笔记我完成了本书最初的前 10 章内容。然后在 2020 年上半年，我和史斌、丁尔男共同完成了最有价值的 go/types、SSA、LLVM 和凹语言部分的内容，可以说书中的后半部分才是 Go 语言语法树的灵魂。我想说，Go 语言语法树不是玩具，更不是通向 Go 语言编程道路上的绊脚石，Go 语言语法树应该是可以让程序员施展和验证各种新想法的基础设施平台。如果一生只能写一个程序，我希望写的是和语法树相关的程序。

基于 Go 语言语法树创新的项目有很多，其中 GopherJS 和 TinyGo 在保持语法树不变的前提下将 Go 语言带入新的领域，七牛公司的 Go+ 语言项目则通过扩展 Go 语言语法树来为数据科学领域定制更为强大的基础语言，而来自 Go 官方团队的马塞尔·范·罗伊曾（Marcel van Lohuizen）更是结合 Go 语言语法树和新设计的面向集合的类型系统打造了面向云原生的 CUE 配置编程语言。

千里之行，始于足下。本书的内容可能还不够完整，但是作为读者实践编译技术的参考应该够用了。

柴树杉

蚂蚁集团高级软件技术专家